Ecological revement structure
for Yangtze-to-Huaihe Water Diversion

引江济淮工程
岸坡防护生态结构型式研究

杨燕华 许海勇 吕 强 张秦英
刘 哲 李 涛 夏 伟 ◎著

河海大学出版社
HOHAI UNIVERSITY PRESS
·南京·

内 容 提 要

本书针对引江济淮安徽段沿线边坡防护工程，开展了引江济淮工程岸坡防护生态结构型式研究。全书共八章，内容包括：绪论、引江济淮工程岸坡防护工程基本情况、边坡防护分区方法研究、考虑船行波影响条件下的水位变幅区生态防护结构稳定特性研究、岸坡防护预制块结构型式及设计参数优化研究、边坡防护新材料的应用研究、植被选型和生态景观提升措施研究和结论。

本书可供河流治理、内河航道整治研究人员使用，也可供相关院校师生参考。

图书在版编目(CIP)数据

引江济淮工程岸坡防护生态结构型式研究 / 杨燕华等著. — 南京：河海大学出版社，2022.12
 ISBN 978-7-5630-7654-3

Ⅰ. ①引… Ⅱ. ①杨… Ⅲ. ①坍岸—防护工程—研究—安徽 Ⅳ. ①TV871.3

中国版本图书馆 CIP 数据核字(2022)第 245823 号

书　　名	引江济淮工程岸坡防护生态结构型式研究
书　　号	ISBN 978-7-5630-7654-3
责任编辑	杜文渊
特约校对	李　浪　杜彩平
装帧设计	徐娟娟
出版发行	河海大学出版社
地　　址	南京市西康路 1 号(邮编：210098)
电　　话	(025)83737852(行政部)　(025)83722833(营销部)
经　　销	江苏省新华发行集团有限公司
印　　刷	广东虎彩云印刷有限公司
开　　本	718 毫米×1000 毫米　1/16
印　　张	9
字　　数	200 千字
版　　次	2022 年 12 月第 1 版
印　　次	2022 年 12 月第 1 次印刷
定　　价	68.00 元

前　言

引江济淮是国务院批准的以城乡供水、发展江淮航运为主的综合性工程。工程实施后将沟通长江和淮河两大水系，并将沙颍河、合裕线、芜申运河连接，组成南北水运大通道。引江济淮沿线引江济巢、江淮沟通、江水北送三段均涉及岸坡防护工程的建设。

传统的岸坡防护工程在结构型式和材料选择上力求安全经济、施工简便，在使用上偏重岸坡自身的稳定性，易忽视河流的生态效应，对河流的生态及环境带来负面影响，使生态系统的健康和稳定性都受到不同程度的影响。与干砌石、浆砌石以及浇注混凝土、预制块等传统硬质岸坡防护工程相比，生态岸坡防护工程更好地保持了水生生态系统与陆地生态系统之间的联系，更加有利于生态环境的保护和水土保持，景观性也更好，对整个生态系统的稳定更为有利。建造生态岸坡防护工程是近年来航道建设工程的发展趋势，引江济淮工程涉及大量生态岸坡防护工程的建设。

本研究工作针对引江济淮工程的岸坡防护问题，开展不同边坡土质情况、不同水位变幅特征、不同水流动力特性条件下的生态岸坡防护结构型式研究，提出综合考虑结构稳定、绿色景观、生态环保的引江济淮岸坡防护生态结构。成果为引江济淮工程提供生态岸坡防护工程设计方面的技术支持，同时在相关理论技术研究的基础上，开展生态岸坡防护工程的示范工程建设，将科研成果转化为现实生产力，推动生态坡防护技术的创新和进步，为国内外生态岸坡防护技术及结构的开发利用提供参考。

本书主要包括以下内容：

（1）考虑船行波等较强水动力因素影响条件下的水位变幅区生态防

护结构稳定特性研究。

对于引江济淮河渠段，船行波为较强的水动力因素。以代表船型及动力因素为基础，开展水位变幅区船行波对生态防护结构的稳定性影响研究，重点研究生态混凝土预制结构在船行波作用下的稳定性和适用性。

（2）基于水文特征及工程地质条件分析的工程边坡防护分区方法研究。

分析引江济淮工程水文特征及工程地质条件，开展边坡防护竖向分区和横向分段的防护分区方法研究。

（3）混凝土预制块结构型式、设计参数优化研究。

采用物理模型试验，研究不同混凝土预制块结构型式的稳定性，并对设计参数进行优化试验，针对不同典型航段提出推荐的混凝土预制块结构方案。

（4）边坡防护新材料的应用研究。

针对植物草毯、水土保护毯、三维加筋垫等新型边坡防护材料，采用物理模型试验对其适用性进行试验论证。

（5）植被选型和生态景观提升措施。

采用景观规划设计领域的 GIS 空间分析、叠图分析、案例分析等多方法，从航道岸坡生态景观体系的角度，开展边坡适生植物种类选择和景观提升研究。

限于作者的学识水平，本书在编写过程中可能存在不足、遗漏甚至错误之处，敬请批评指正。

著者

2022 年 1 月

目　　录

前言	001

第一章　绪论 ⋯⋯⋯⋯⋯⋯⋯⋯⋯⋯⋯⋯⋯⋯⋯⋯⋯⋯⋯⋯⋯⋯⋯ 001
　1.1　研究背景及意义 ⋯⋯⋯⋯⋯⋯⋯⋯⋯⋯⋯⋯⋯⋯⋯⋯⋯⋯ 001
　1.2　国内外研究概况 ⋯⋯⋯⋯⋯⋯⋯⋯⋯⋯⋯⋯⋯⋯⋯⋯⋯⋯ 003

第二章　引江济淮工程岸坡防护工程基本情况 ⋯⋯⋯⋯⋯⋯⋯⋯ 009
　2.1　引江济巢、江淮沟通河道段防护工程概况 ⋯⋯⋯⋯⋯⋯⋯ 009
　2.2　江水北送河道段岸坡防护工程概况 ⋯⋯⋯⋯⋯⋯⋯⋯⋯⋯ 012

第三章　边坡防护分区方法研究 ⋯⋯⋯⋯⋯⋯⋯⋯⋯⋯⋯⋯⋯⋯ 015
　3.1　基于设计资料及现场调研的防护分区梳理 ⋯⋯⋯⋯⋯⋯⋯ 015
　3.2　防护分区方法及成果 ⋯⋯⋯⋯⋯⋯⋯⋯⋯⋯⋯⋯⋯⋯⋯⋯ 019

**第四章　考虑船行波影响条件下的水位变幅区生态防护结构稳定
　　　　特性研究** ⋯⋯⋯⋯⋯⋯⋯⋯⋯⋯⋯⋯⋯⋯⋯⋯⋯⋯⋯⋯ 025
　4.1　船行波模型试验 ⋯⋯⋯⋯⋯⋯⋯⋯⋯⋯⋯⋯⋯⋯⋯⋯⋯⋯ 025
　4.2　波浪水槽断面试验 ⋯⋯⋯⋯⋯⋯⋯⋯⋯⋯⋯⋯⋯⋯⋯⋯⋯ 030
　4.3　试验设计依据 ⋯⋯⋯⋯⋯⋯⋯⋯⋯⋯⋯⋯⋯⋯⋯⋯⋯⋯⋯ 039
　4.4　试验结论 ⋯⋯⋯⋯⋯⋯⋯⋯⋯⋯⋯⋯⋯⋯⋯⋯⋯⋯⋯⋯⋯ 039

第五章　岸坡防护预制块结构型式及设计参数优化研究 …………… 041
   5.1　膨胀土及崩解岩段结构优化 ………………………………… 041
   5.2　小型预制块体结构优化 ……………………………………… 054
   5.3　典型航段边坡优化方案 ……………………………………… 064

第六章　边坡防护新材料的应用研究 ………………………………… 065
   6.1　试验设计 ……………………………………………………… 065
   6.2　试验结果分析 ………………………………………………… 073
   6.3　试验结论 ……………………………………………………… 078

第七章　植被选型和生态景观提升措施研究 ………………………… 082
   7.1　工程区植物种植分区 ………………………………………… 082
   7.2　工程区立地类型 ……………………………………………… 083
   7.3　工程区适生植物认识 ………………………………………… 084
   7.4　植物配置原则、理念 ………………………………………… 088
   7.5　植物配置模式 ………………………………………………… 091
   7.6　生态景观提升目标 …………………………………………… 095
   7.7　生态景观提升策略 …………………………………………… 096
   7.8　重要节点选取建议 …………………………………………… 097

第八章　结论 …………………………………………………………… 101

参考文献 ………………………………………………………………… 115

附表　防护分区编码表 ………………………………………………… 123

第一章

绪 论

1.1 研究背景及意义

引江济淮工程是国家实施淮河治理的重大战略工程,是安徽省的重大生态工程和重大惠民工程。引江济淮工程由长江下游上段引水,向淮河中游地区补水,是一项以城乡供水和发展江淮航运为主,结合灌溉补水和改善巢湖及淮河水生态环境等综合利用的大型跨流域调水工程,是集供水、航运、生态等效益于一体的一项水资源综合利用工程。引江济淮工程图见图1-1。

工程供水范围涵盖皖豫2省15市55个县(市、区),总面积7.06万km^2,供水人口5117万。规划设计引江规模300 m^3/s,入淮规模280 m^3/s。主体工程输水线路总长723 km。工程自南向北划分为引江济巢、江淮沟通、江水北送三段输水及航运线路。工程安徽段总长度约587.4 km,其中利用既有河湖或输水管道的渠段长度约293.8 km,需新开河渠或疏浚扩挖的渠段长度约293.6 km。边坡防护初步设计方案主要是:一、二级边坡采用现浇混凝土护坡,三、四级边坡采用混凝土预制块护坡,四级以上边坡采用水土保护毯护坡,水下施工渠段采用铰接式预制块护坡。以上边坡防护方案已经一定程度上考虑岸坡防护生态需求,但还存在以下优化空间:一是总体上边坡防护型式相对单一,缺少不同典型渠段的细化设计;二是现有一、二级边坡采用现浇混凝土护坡生态效果较差,船舶通行时景观观赏体验不理想,对船舶驾驶安全不利;三是现有三、四级边坡采用混凝土预制块护坡,受空隙限制难以种植景观效果较好的灌木,预制块结构型式的选择也直接影响到边坡防护效果和

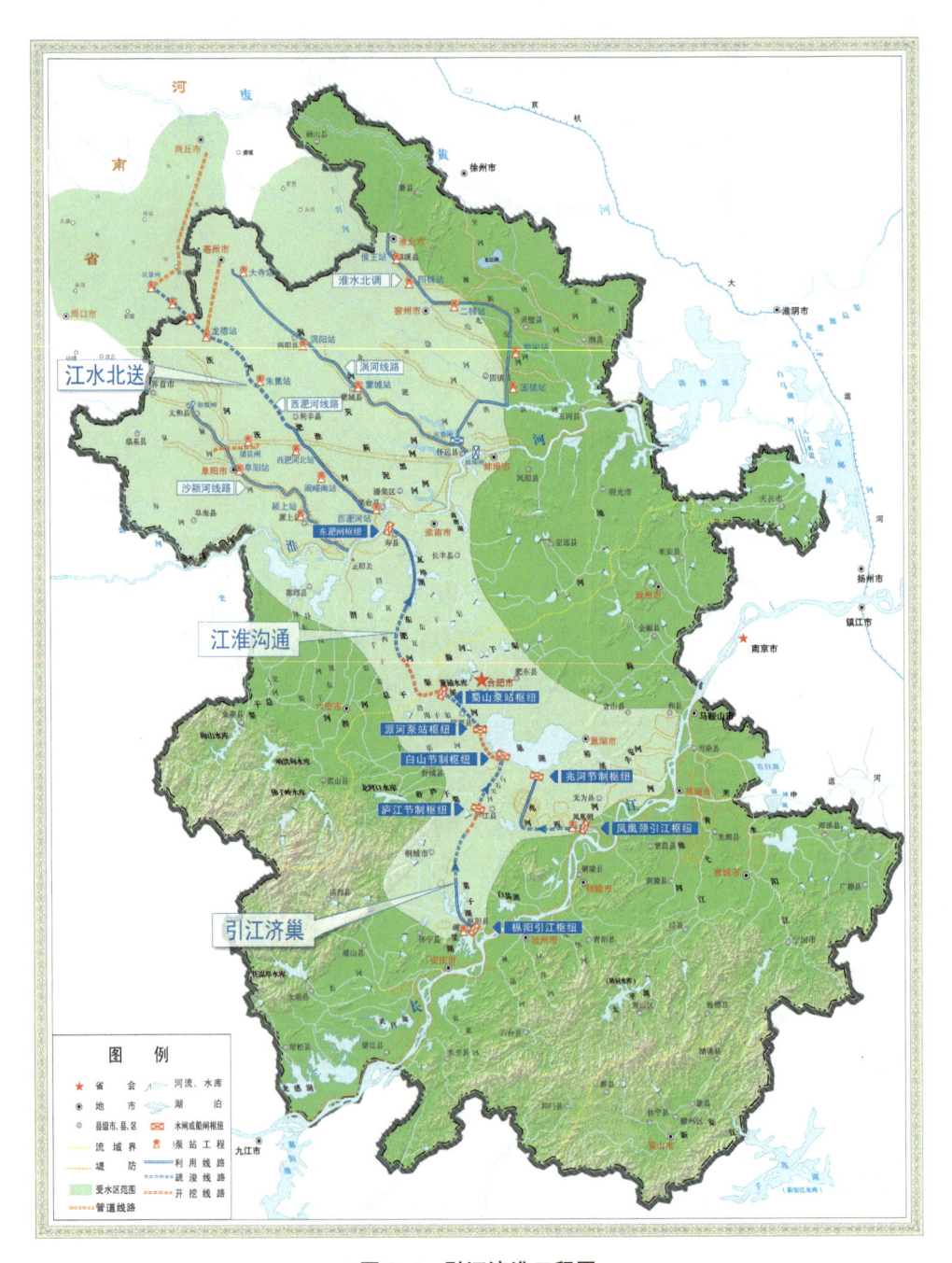

图 1-1　引江济淮工程图

（图片来源：安徽省水利水电勘测设计研究院有限公司）

后期维护效率,其自身尺寸、重量、强度等优化选择也直接影响工程造价等;四是如何在满足工程边坡安全的条件下,尽量提升生态效果,需要对植物草毯、水土保护毯、三维加筋垫等新型材料的适用性进行论证,并优化边坡植被选型。基于此,需要对引江济淮工程岸坡防护生态结构型式开展系统研究。

1.2 国内外研究概况

1.2.1 岸坡防护工程国内外研究进展

岸坡防护工程是指直接或间接保护岸坡土体,使岸坡免受水流冲刷破坏并稳定河势的一种重要的工程措施,它包括用混凝土、块石或其他材料做成的连续性工程和非连续性工程。

本项目岸坡防护使用平顺型式,是用抗冲材料直接覆盖在河道岸坡上,包括自然岸坡防护、斜坡式岸坡防护和直立式岸坡防护。岸坡防护工程按照生态环保性能,可分为传统型防护和生态环保型防护两类。

1.2.1.1 传统型岸坡防护工程研究现状

基于水力学最佳水力半径的理论,传统的岸坡防护工程遵循用最经济断面输送最大水流量的原则,在结构设计和材料选择上追求断面渠化和较小的水力糙率,在使用功能上侧重防洪固岸,因此在一定程度上破坏了河流的自然功能。传统的岸坡防护工程具有防洪、排涝、引水和航运等基本功能。传统的岸坡防护工程大量使用石块、钢筋混凝土等硬质材料,虽然有助于岸坡防护工程的结构稳定、防止水土流失以及防洪排涝,但是导致传统岸坡防护工程被完全人工化、渠道化,同时也割裂了水体与土壤的关系,破坏了资源功能和生态功能,同时也破坏了生物链,导致生态环境恶化。

现阶段传统岸坡防护工程结构型式可分为直立式、斜坡式或斜坡式与直立式组合的混合式结构型式。

1) 直立式岸坡防护工程

直立式岸坡防护工程可采用现浇混凝土、浆砌块石、混凝土方块、石笼、板桩、加筋土岸壁、沉箱、扶壁、混凝土挡墙、重力挡墙等结构型式。

2) 斜坡式岸坡防护工程

斜坡式岸坡防护工程又可分为堤式岸坡防护工程(包括堤身、护肩、护面、护脚和护底)和坡式岸坡防护工程(包括岸坡、护肩、护面、护脚和护底)。

3) 斜坡式与直立式组合的混合式岸坡防护工程

混合式岸坡防护工程兼容以上两型式特点,一般在墙体较高的情况下采用。

传统的岸坡防护工程建设以水泥、砂浆、石料、混凝土和沥青等为主要建筑材料。在直立式岸坡防护工程中,混凝土、钢材及石料等高强度的人工材料得到了大量应用。斜坡式岸坡防护工程的护面材料则主要有以下四种类型:①石料类:抛石或块石护面层,偶尔进行灌浆、人工砌石、石笼或金属网沉排;②混凝土类:预制混凝土块体、开缝或经灌浆咬合块体、钢丝绳捆固或土工织物连接的混凝土块体、现浇混凝土板和整体式构筑物、充装填料的纤维织物;③土工织物类:草被复合物——面层、织物和网格、三维岸坡防护工程面层和网格、纤维织物;④沥青类:开孔碎石沥青填料土工织物面层、稀松或致密碎石沥青。此外,一些天然材料在传统的岸坡防护工程中也有少量应用,如梢料(柴枕、柴排、柴帘、沉树、沉梢坝等)也是一种传统的岸坡防护工程材料,常用于护脚或护底。

1.2.1.2 生态环保型岸坡防护工程研究现状

1) 国外研究现状

德国首先建立了"近自然河道整治工程"理念,提出河流的整治应满足生命化和植物化的原理。阿尔卑斯山区国家的德国、法国、瑞士、斯洛文尼亚等国,在生态岸坡防护方面有着非常成熟的经验。这些国家着手制定实施的河道整治方法及原则,注重河流生态系统效应的完整性;注重河流在三维空间的分布、动物迁徙及生态过程中相互影响的作用;注重河流作为自然生态景观和生物基因库的作用,重点考虑了工程对河流生态系统效应的完整性。德国、瑞士等于20世纪80年代提出了"自然型岸坡防护工程"技术,采用捆材岸坡防护工程、木沉排、草格栅、干砌石等新型环保岸坡防护工程结构型式,在大小河道均有广泛的实践,从中发现河道整治不仅应满足工程原理,更要满足生态学理念,不能把河流生态系统从自然生态系统中分离出来。

目前在欧美国家选择更广泛的生态岸坡防护工程技术是土壤生物工程(soil-bioengineering)。该生物工程的实质是最大效果地利用植被对水体、气候、土壤的作用,实现河岸边坡的稳固。这类技术比较常见的一般有以下几种:

(1) 土壤保持技术。大都是采用植物对岸坡进行遮盖,避免岸坡表面受到水体的直接冲刷及侵蚀。其主要防护方法有遮盖草皮、种植乔灌树木、播种草籽等。

(2) 地表加固技术。重点是利用植物庞大的根系吸取土体水分来减小土壤中的孔隙水压力,以获得稳固土体的效果。其常见的技术方法有根系填塞、灌木丛层、枝条篱墙、活枝柴捆、草卷等。

(3) 植被与建筑材料的搭配利用。其常见的技术方法有绿化干砌石墙、植物网箱、植物栅栏、渗透式植被边坡等。

日本的岸坡边坡治理技术主要师从欧美国家,并在此基础上提升优化,主要有植物、石笼网、干砌石、生态混凝土等生态岸坡防护结构和材料。日本在20世纪70年代末提出"亲水"的理念,90年代初又举办了"创造多自然型河川计划"活动,提出了"多自然型河川建设"工程技术,并在新型岸坡防护工程结构型式方向上做了大量的科学研究。如日本朝仓川(丰桥市)的岸坡治理工程,以纵横排列的圆木作为坡脚附近的岸坡防护工程,给水域中各类生物营造了优越的生态空间,在靠近河流的岸坡附近堆上适当大小的天然块石,以抵抗水流不同形式的冲淘刷;鞍流濑川(大府市)的岸坡防护工程,以天然块石作岸坡防护工程,保证河岸不被洪水冲毁,河岸边坡种植芦苇、杨柳等树木,上游来洪时杨柳会顺势倒下,对河道行洪条件造成较小的影响,芦苇、菖蒲等水生生物和杨柳一起很好地构筑了河流的生态绿色景观,同时保证昆虫、鱼类等生物有良好的生存空间。

2) 国内研究现状

国内生态岸坡防护工程技术探索起步较晚。从20世纪90年代后期开始,由于国内城市及农村的生存空间、生态环境都开始遭受到不同程度的破坏，严重影响了人们的正常生活及工作，所以人们对生态环境有了强烈的保护意识与愿望。同时，受到来自欧美等许多发达国家先进的环保理念及环保技术的影响，我国的水利工作者也开始注重生态系统的保护，着手研究在水利工程建设工程中利用生态岸坡防护工程技术实现河湖生态系统的保护。目前我国应用较广泛的生态岸坡防护工程技术大致分为以下几类：

（1）网石笼结构生态岸坡防护工程。在生态岸坡防护工程中，加入制作的铁丝网与碎石复合种植基，即由抗锈蚀铁丝网笼碎石、肥料及其培养土料组成。发挥其挠性大，能适应岸坡表面变形的特点用作岸坡防护工程以及坡脚护底等，构筑有特定防洪能力并具有高孔隙率、多流速变化带的岸坡防护工程。

（2）格宾和雷诺护垫岸坡防护工程。用经过特别加工程序及材料制作的抗锈钢丝，运用六边形双绞合的方式构造成不同大小网状体，并在网格体里面放满卵砾石，然后叠加一定数量的笼石体而形成挡土墙式的格宾岸坡防护工程，雷诺护垫则是采用薄片状的。由于该结构透水性较好，能使陆地与水体较好地互相交换，对自然生物的繁殖活动提供有利的环境，并能在短时间内恢复已被破坏的自然生态环境，同时该结构也有稳定的抗冲能力。

（3）植被型生态混凝土护坡，也称为绿色混凝土。其主要部分为多孔质混凝土块体、保水材料、表层土及难溶性肥料。常常在城市河流的岸坡防护工程中应用此生态技术构筑成砌体形式的挡土墙，或者也可以直接铺设作为护坡结构。

（4）自嵌植被式挡土墙。自嵌植被式挡土墙主要部分有自嵌植被式土块、透水材料、加筋材料及土料。这种岸坡防护工程结构主要是利用土块块体的重力来抵抗另一侧的动静荷载，以实现稳固的效果。此结构也不需要添加混凝土材料，主要依靠不规则块体与块体之间的嵌固作用和自身的重量来控制滑动及倾覆。

（5）自然型岸坡防护工程。自然型岸坡防护工程型式常见的有自然原型岸坡防护工程、自然型岸坡防护工程及多自然型岸坡防护工程。自然原型岸坡防护工程主要利用植物枝干来保护岸坡防护工程中的岸坡，并铺设能加固岸坡的材料，如土工织物或格栅型混凝土块，维持天然岸坡的特点；自然型岸坡防护工程除了具有原来的植物,还使用了天然块石护坡与圆木料护底,使其提升河岸边坡的抗洪作用;多自然型岸坡防护工程是在自然型岸坡防护工程的基础上,再加上混凝土等材料,保证其河岸边坡有更强的抗洪作用。

(6) 多孔质岸坡防护工程。多孔质结构型式重点是用混凝土构件制作成带有孔状的适宜动植物生长的一种岸坡防护工程技术,如形态不一的鱼巢块体、箱式结构、鹅卵石连接等结构形式。多孔质岸坡防护工程结构一般采用预制件,其施工过程简便且快速,不但为动植物的生存及生长提供了适宜的环境,而且还具有较高的结构强度,抗冲性好,对已遭受污染的水体有一定的自然净化效果,是目前生态岸坡防护工程结构中很有独特性的一种结构型式。

(7) 网格反滤生物工程。网格反滤生物组合坡,是在坡面上堆砌成方格状,并在格室内种植固土植物,常见的植物一般有:沙棘林、刺槐林、胡枝子、龙须草、油松、黄花、常青藤、蔓草等,在长江中下游地区还可以选用芦苇、野茭白等。该护坡结构的优势在于成本低、见效快、易排水、防冲刷、抗冻涨,为土渠衬砌探索出一门既经济又实用的新技术。

1.2.2 船行波对岸坡稳定性影响研究现状

当船舶在狭窄的内河航道或人工运河航行时,船在水面上的行进会对水面形成连续压力冲量扰动,使得水面产生波动,形成船行波。船行波由船首波系和船尾波系共同组成。船首波系,是由于船首排挤水体,使该处水面局部升高,形成的水面波动;船尾波系,则是由于船体移动,使得不断有水体填充船尾形成的空间,进而产生水面局部下降,形成水面波动。船首波系及船尾波系,均是由两组明显的横波和散波组成。随着两组波系向两岸的传播,其产生的波压力、爬高及次生流将会对岸坡稳定性、近岸区域水流结构、船舶安全通航等产生影响,因此本次航道护岸工程的设计要充分考虑到船行波的作用。

船行波的波态受航道断面尺度、水深、通航船舶类型、船舶尺度及船舶航速共同影响。通过引入无量纲深度弗汝德数($F_h=U/\sqrt{gh}$),可将船舶航速依次划分为亚临界速度区($F_h<0.84$)、跨临界速度区($0.84<F_h<1.15$)

及超临界速度区($F_h > 1.15$)。不同的速度区内船行波表现出不同的波态特征,当航速位于亚临界速度区时,船行波具有典型深水波波态,即同时包含横波与散波,最大波高出现在歧点线(横波与散波交点的连线)上;当 $F_h > 0.84$ 时,浅水效应出现,船行波波态发生改变,当航速位于跨临界速度区时,散波波峰线与航线夹角随 F_h 的增大逐渐增大至接近 90°,波系演变为两道横波;当航速位于超临界速度区时,横波消失,散波波峰线较长,与航线夹角随航速的增加而减小。

船行波波要素包括:波浪传播角、船行波波周期与波长、船行波波高。学者们利用室内模型试验和现场实船试验数据,结合船行波理论推导的方法,得出一系列船行波波要素的经验计算公式。Weggel 和 Sorensen 认为船行波在传播过程中,散波的传播占主导地位,定义其传播方向与船舶航线之间的夹角 θ 为波浪传播角,明确该夹角与深度弗汝德数呈指数函数关系,给出了 θ 的计算经验公式,如式(1-1);Sorensen 根据 Kelvin 推论,提出船行波横波波速为船舶航速 U,散波波速则与航速 U、波浪传播角 $C = U\cos\theta$ 函数相关;定义船行波最大波高 $H_{\max}$ 来描述船行波波高特征,现场观测及室内船模试验,验证了 Delft 公式能较为全面地反映通航船舶类型、尺度、船舶航速、航道断面尺度、水深对于船行波的影响,能够较为准确地预测该河段最大波高,如式(1-2),同时提出对于拖牵船队,公式中 A 建议取用 0.42。

$$\theta = 35.27\{1 - \exp[12(F_h - 1)]\} \tag{1-1}$$

$$H_{\max} = Ah\left(\frac{s}{h}\right)^{-0.33} F_h^{2.67} \tag{1-2}$$

其中,s 为计算点与船舷的距离;A 为船型修正系数;h 为水深。

船行波作用于岸坡,主要表现为波浪不断拍打岸坡,在岸坡上产生较大的波压力,使护岸产生破坏或者块体失稳;由于渠道断面系数较小,船行波传播到两岸后并未得到充分衰减,形成波浪爬高的同时在底部形成次生底流,直接影响护岸的设计尺度及近岸区域水流结构。

第二章

引江济淮工程岸坡防护工程基本情况

2.1 引江济巢、江淮沟通河道段防护工程概况

1）工程线路

引江济巢段、江淮沟通段同时具有输水与通航要求。引江济巢河道采用西兆河线与菜子湖线双线引江方案,线路全长 187.63 km,其中西兆河线为利用现有的凤凰颈—西河—兆河—巢湖输水线路;引江口门利用现有的凤凰颈泵站进行机泵更新改造;输水河道可满足输水要求,不再安排河道工程建设。菜子湖线为新辟引江线路,从枞阳闸引江水入菜子湖经调蓄后北上,利用其主源孔城河上溯输水,穿过与巢湖流域的分水岭后,入巢湖支流罗埠河,再接白石天河入巢湖;引江口门为新建枞阳引江枢纽,输水河道利用现有河湖进行疏浚拓宽建设,其中可利用菜子湖湖区段长 27.15 km,疏浚拓宽现有河道 72.13 km,包括长河、孔城河、柯坦河、罗埠河及白石天河,菜子湖与巢湖分水岭段新开河道 13.9 km。过巢湖线路为新开挖输水明渠,引水点选择在白石天河口,无通航要求。引江济巢河道、江淮沟通河道线路布局示意图见图 1-1。

江淮沟通段输水河道自派河口沿派河至骆郢、戴大郢,于大柏店过分水岭,再经天河、东淝河上游至唐大庄、白洋淀至瓦埠湖入湖口,利用瓦埠湖湖区作为调蓄区和输水通道,经东淝闸由东淝河下段进入淮河,全长 155.1 km,为新挖输水渠道。航道全长 156.2 km,包含新挖输水渠道 155.1 km,及与淮河衔接 1.1 km。

2）设计流量及水位

引江济巢河道与江淮沟通河道段设计流量与设计水位如表 2-1。

表2-1 引江济巢与江淮沟通河道段设计流量及水位表

线路分段	西兆河线 凤凰颈站—缺口	西兆河线 缺口—兆河入巢口	引江济巢 菜子湖线 菜子湖区段	引江济巢 菜子湖线 菜子湖—庐江节制枢纽	引江济巢 菜子湖线 庐江节制枢纽—巢湖	派河段 派河口—蜀山枢纽	江淮沟通 分水岭段 蜀山枢纽—唐大王	江淮沟通 分水岭段 唐大王—东淝闸
设计输水流量（m³/s）	150		150			295	290	280
设计输水水位（m）	8.1~7.35	7.35~6.6	9.6	9.6~6.6		8.9~7.6	20.3~17.6	
设计输水水深（m）	5.5~4.0	4.7	4.8~4.3	8.1~6.83	5.8	5.8	17.4	
最低通航水位（m）（98%保证率）	5.8		8.1	8.6~7.3	6.1	6.1	17.9	
控制运行最低水位（m）	6.1		8.6					
最高通航水位（m）	10.1		14.88~15.38	11.1~10.6	11.1~10.6	12.7~10.7	23.86	
防洪水位（m）	10.1（20年一遇）		14.88~15.38（20年一遇）	11.1~10.6（20年一遇）		13.5~11.46（100年一遇）	25.83（100年一遇）	23.86/23.07（20/10年一遇）

010

3) 岸坡防护工程

引江济巢、江淮沟通输水线路有超过 100 km 的河段分布有弱、中等膨胀潜势的膨胀岩土及少量崩解岩,同时明挖河道大部分挖方深度较大,开挖深度大于 30 m 的河段约 4.5 km,开挖深度大于 40 m 的河段约 1.6 km,最大开挖深度 46 m。河道深开挖本身就会引起边坡的稳定性下降,同时伴有膨胀土特殊性质的影响,从而引起引江济淮分水岭段存在边坡垮塌的危险。同时设计条件下在 1 000 吨级船舶船行波和流速的长期共同作用下,河道边坡易形成浪坎,威胁河道边坡的安全稳定,边坡防护工程要同时考虑沿程船行波、水位、边坡地质条件和特性。

初步设计阶段,引江济巢段菜子湖线,边坡高度每增加 6 m 设一级平台。膨胀土采用改性土或无膨胀黏土换填,表面在常水位及水位变动区,为达到抗洪水冲刷的目的,采用现浇混凝土护坡;设计洪水位以上选用预制格式生态护坡(混凝土生态大三角、混凝土生态预制格)、柔性生态水土保护毯;背水坡及堤外坡采用草皮护坡;水下施工渠段采用铰接式预制块。

江淮沟通河道段横断面采用梯形断面,每 6 m 高边坡设一平台,洪水位以下采用现浇混凝土护坡;设计洪水位以上为了防止暴雨冲刷破坏,提高渠道两岸生态景观,确保渠坡安全,采用土质生态边坡防护(混凝土预制格式生态护坡、混凝土铰接式预制块生态砖护坡及柔性生态水土保护毯);背水边坡面没有大流速水流通过,基本不存在越浪情况,采用草皮护坡;水下开挖施工渠道段,采用铰链式预制块方案。

为保障引江济淮工程的顺利实施,工程前期已在江淮沟通段分水岭膨胀岩土段选取 1.5 km(桩号 40+181.7~41+681.7)开展膨胀岩土河道工程试验研究。各级边坡推荐方案如表 2-2。

表 2-2　江淮沟通河道分水岭试验段边坡防护工程推荐方案

地质条件	中膨胀土区	弱膨胀土区
水上边坡 (三、四级边坡)	预制格式生态护坡	预制格式生态护坡
	3%~5%水泥改性土 1.5 m	3%~5%水泥改性土 1.0 m
	顺坡向碎石盲沟	顺坡向碎石盲沟

(续表)

地质条件		中膨胀土区	弱膨胀土区
水下边坡	水位变动区（二级边坡）	混凝土衬砌 150 mm	混凝土衬砌 150 mm
		3%～5%水泥改性土 1.5 m	3%～5%水泥改性土 1.0 m
		顺坡向碎石盲沟	顺坡向碎石盲沟
		仰斜式排水花管 3～5 m	仰斜式排水花管 3～5 m
	常水位以下（一级边坡）	混凝土衬砌 150 mm	混凝土衬砌 150 mm
		C20 喷射混凝土 50 mm	C20 喷射混凝土 50 mm
		5 m GFRP 锚杆/5 m 钢筋锚杆	5 m GFRP 锚杆/5 m 钢筋锚杆
	底板	混凝土底板 150 mm	混凝土底板 150 mm
		C20 喷射混凝土 50 mm	C20 喷射混凝土 50 mm

2.2 江水北送河道段岸坡防护工程概况

1) 工程线路

江水北送河道段主要利用西淝河向北调水，利用西淝河河槽输水，对西淝河上段朱集闸至豫皖省界段河槽和西淝河下段局部河槽进行疏浚扩挖，输水线总长 185.87 km。西淝河上段设计洪水标准为 50 年一遇，西淝河下段设计洪水标准为 100 年一遇。

江水经淮干调蓄后从西淝河泵站提水入西淝河，经阚疃南站提水后向北输水至西淝河北站，提水过茨淮新河大堤入西淝河上段，经茨淮新河调蓄后向北调水，新建朱集站提水至西淝河龙凤新河口分两支，一支沿龙凤新河由管道输水至亳州水库，另一支继续北上经龙德站提水向河南输水，见图 2-1。

2) 设计流量及水位

江水北送河道段西淝河上段从茨淮新河口—朱集站(桩号 74+215～112+715)输水河段总长 38.50 km，入淮口—阚疃南站输水河段(桩号 0+000～50+343)总长 50.34 km，设计流量与设计水位如表 2-3。

第二章 引江济淮工程岸坡防护工程基本情况

图 2-1　江水北送河道线路布局示意图

表 2-3　江水北送河道段设计流量及水位表

河名	地名	河道桩号	设计输水流量（m³/s）	设计输水水位（m）
西淝河下段	入淮口	0+000	85	19.00
	花家湖	9+915		18.87
	刘张庄	29+954	80	18.64
	阚疃南站	50+343		18.40
				22.00
	阚疃集闸下	61+543	80	21.91
	阚疃集闸	61+843		21.80
	西淝河北站	73+703		24.87
西淝河上段	茨淮新河	74+215	55	24.67
	朱集站	112+715		27.85
	芦草沟	132+015	55	27.62
	龙德站	155+519		27.35
	泥河镇	172+719		32.30
	洺河	176+119	45	30.03
	省界	185+872		31.73
				30.70

013

西淝河输水线分段设计流量为：入淮口—阚疃南站 85 m³/s～80 m³/s，阚疃南站—西淝河北站 80 m³/s、茨淮新河口—朱集站 55 m³/s，朱集站—龙德站 55 m³/s，龙德站—豫皖省界 45 m³/s。

设计输水位：阚疃南站，站下设计水位 18.40 m、站上设计水位 22.0 m；西淝河北站，站下设计水位 21.80 m、站上设计水位 24.87 m；朱集站，站下设计水位 24.67 m、站上设计水位 27.85 m；龙德站，站下设计水位 27.35 m，站上设计水位 32.30 m；穿练沟河倒虹吸（省界），进口水位 30.90 m，出口水位 30.70 m。

3）岸坡防护工程

江水北送河道段中西淝河上段由于开挖后工程地质条件抗冲性差，且局部河段设计输水水位高于地下水位，为保证河坡稳定性和输水安全，需要对其边坡和底部进行防护。综合考虑护坡结构的工程、生态景观特性，设计河道水下部分选用现浇混凝土，水上部分采用草皮护坡或撒播草籽防护，支流汇入口上下游采用水土保护毯防护。

第三章

边坡防护分区方法研究

本章基于工程可行性和初步设计资料,分析引江济淮工程水文特征及工程地质条件,并结合前期设计资料和引江济淮岸坡工程现场调研认识,开展边坡防护竖向分区和横向分段方法研究。

3.1 基于设计资料及现场调研的防护分区梳理

根据收集的设计资料,以及对已施工段现场调研情况的分析梳理,引江济淮岸坡防护工程的边坡包括一级、二级、三级、四级、五级、六级、七级等型式。每种型式的特点及典型代表如下文。

1) 一级边坡

Y001 标段,典型断面常水位 6.6 m 以下保持原河床,常水位 6.6 m 至堤顶 11.70 m 之间采用草皮护坡,常水位 6.6 m,设计洪水位 10.70 m。

2) 二级边坡

C004 标段—54+091~54+900 桩号,为按膨胀土处理的崩解岩边坡河道标准断面。防护断面共有二级边坡,河底(高程 4.27 m)为现浇 C25 混凝土护底 15 cm,一级边坡(高程 4.27~10.23 m,1:3.5)为现浇 C25 混凝土护坡 15 cm + 土工布 500 g/m²(分缝处) + 换填黏性土 150 cm + 瓜子片垫层 10 cm;二级边坡(高程 10.23~16.6 m,1:3)为现浇 C25 混凝土护坡 15 cm + 土工布 500 g/m²(分缝处) + 瓜子片垫层 10 cm。

54+091~54+900 桩号特征水位:河底水位 4.27 m,最低通航水位 7.99 m,

设计输水水位 8.95 m,最高防洪水位 15.18 m。全断面采用硬质防护。

3) 三级边坡

C004 标段—54+900～55+950 桩号,为按膨胀土处理的崩解岩边坡河道标准断面。防护断面包括三级边坡,河底(高程 4.22 m)为现浇 C25 混凝土护底 15 cm,一级边坡(高程 4.22～10.22 m,1∶3.5)为现浇 C25 混凝土护坡 15 cm + 土工布 500 g/m² (分缝处) + 换填黏性土 150 cm + 瓜子片垫层 10 cm;二级边坡(高程 10.22～16.22 m,1∶3)为现浇 C25 混凝土护坡 15 cm + 土工布 500 g/m² (分缝处) + 瓜子片垫层 10 cm;三级边坡坡顶高程为联锁预制生态块护坡,联锁预制块设计为大三角结构。

54+900～55+950 桩号特征水位:河底水位 4.22 m,最低通航水位 7.61 m,设计输水水位 8.89 m,最高防洪水位 15.19 m。最高防洪水位以下均采用现浇混凝土板,生态结构位于最高防洪水位以上。

4) 四级边坡

C004 标段—64+200～65+300 桩号,为膨胀性较强的崩解岩段河道标准断面。防护断面设计为四级边坡,河道底部(高程 3.93 m)采用现浇 C25 混凝土板 15 cm + 喷射 C25 细石混凝土 5 cm;一级边坡(高程 3.93～7.36 m, 1∶3)为现浇 C25 混凝土板 15 cm + 喷射 C25 细石混凝土 5 cm + 格构梁;二级边坡(高程 7.36～8.53 m,1∶3)为现浇 C25 混凝土护坡 15 cm + 土工布 500 g/m² (分缝处) + 换填黏性土 150 cm + Y 形盲沟排水;三级边坡(高程 8.53～15.25 m,1∶3)为联锁预制块生态护坡 + 换填黏性土 150 cm + Y 形盲沟排水,联锁预制块为大三角结构;四级边坡(高程 15.25～24.12 m,1∶3)采用柔性生态水土保护毯。

64+200～65+300 桩号特征水位:河底水位 3.93 m,最低通航水位 7.36 m,设计输水水位 8.53 m,最高防洪水位 15.25 m。最高防洪水位以下均采用现浇混凝土板,生态预制块结构及水土保护毯均位于最高防洪水位以上。

5) 五级边坡

C006 标段—72+240～75+240 桩号中的 C72+635,防护断面设计为五级边坡,河道底部(高程 3.67 m)未采用结构处理;一级边坡(高程 3.67～

9.67 m,1∶1.5)为现浇C25钢筋混凝土15 cm+锚杆;二级边坡(高程9.67~15.67 m,1∶2.5)为现浇C25混凝土护坡15 cm+土工布500 g/m²(分缝处)+瓜子片垫层10 cm;三级边坡(高程15.67~21.67 m,1∶3)为三角联锁生态护坡+4%水泥改性土150 cm+网格形盲沟;四级边坡(高程21.67~27.67 m,1∶3)为柔性生态水土保护毯+4%水泥改性土150 cm+网格形盲沟;五级边坡(高程27.67~31.10 m,1∶3)为柔性生态水土保护毯+4%水泥改性土150 cm+网格形盲沟。

72+240~75+240桩号特征水位:河底3.67 m,设计输水水位8.19 m,最高通航水位(防洪水位)15.33 m。最高防洪水位以下均采用现浇混凝土板,生态预制块结构及水土保护毯均位于最高防洪水位以上。

6) 六级边坡

C006标段—72+240~75+240桩号中的C72+340.00,防护断面设计为六级边坡,河道底部(高程3.67 m)未采用结构处理;一级边坡(高程3.67~9.67 m,1∶3.5)为现浇C25钢筋混凝土15 cm+土工布500 g/m²(分缝处)+瓜子片垫层10 cm+锚杆;二级边坡(高程9.67~15.67 m,1∶3)为现浇C25钢筋混凝土15 cm+土工布500 g/m²(分缝处)+瓜子片垫层10 cm+锚杆;三级边坡(高程15.67~21.67 m,1∶3)为三角联锁生态护坡+4%水泥改性土150 cm+网格形盲沟;四级边坡(高程21.67~27.67 m,1∶3)为柔性生态水土保护毯+4%水泥改性土150 cm+网格形盲沟;五级边坡(高程27.67~33.68 m,1∶3)为柔性生态水土保护毯+4%水泥改性土150 cm+网格形盲沟;六级边坡(高程33.68~36.00 m,1∶3)为柔性生态水土保护毯+4%水泥改性土150 cm+网格形盲沟。

特征水位为:河底3.67 m,设计输水水位8.22 m,最高通航水位(防洪水位)15.33 m。最高防洪水位以下均采用现浇混凝土板,生态预制块结构及水土保护毯均位于最高防洪水位以上。

7) 七级边坡

J007-1标段—43+500~43+600段,防护断面设计为七级边坡。三级边坡及以下为中风化岩,四级边坡中下部为全、强风化岩,以上为中膨胀土。河道底部(高程13.40 m)部分采用C20现浇板15 cm;一级边坡(高程13.40~

19.40 m,1∶2)采用现浇 C25 钢筋混凝土 15 cm+土工布 500 g/m²(分缝处)+瓜子片垫层 10 cm+锚杆;二级边坡(高程 19.40~25.40 m,1∶2)采用现浇 C25 钢筋混凝土面板+喷射 C20 细石混凝土 5 cm+格构梁+10.0 m 非预应力钢筋锚杆;三级边坡(高程 25.40~31.40 m,1∶2)采用预制格式生态护坡 30 cm;四级边坡(高程 31.40~37.40 m,1∶3)采用生态毯护坡+4%水泥改性土 100 cm+高强内支撑排水盲管 φ15 cm;五级边坡(高程 37.40~43.40 m,1∶3)采用预制格式生态护坡 30 cm+4%水泥改性土 100 cm+高强内支撑排水盲管 φ15 cm;六级边坡(高程 43.40~49.40 m,1∶3)采用生态毯护坡+4%水泥改性土 100 cm+高强内支撑排水盲管 φ15 cm;七级边坡(高程 49.40 m~坡顶高程)采用预制格式生态护坡 30 cm+4%水泥改性土 100 cm+高强内支撑排水盲管 φ15 cm。由此可见,该断面二级边坡及以下采用硬质防护,三级边坡至七级边坡采用预制格式、生态毯两种生态结构型式,且随边坡级数增大交替使用。

8) 小结

(1) 左右岸由于地形高度不同,分区也有所不同,如 C006 标段 77+800~79+200 桩号,左岸有三级边坡,右岸四级边坡。

(2) 三级以上的高边坡基本处于膨胀土段,最高为八级边坡。

(3) 地质条件复杂。尤其是高边坡断面,存在崩解岩(中风化及全、强风化等)、膨胀土(弱、中、强膨胀等),且上述地质条件在高边坡段往往同时存在于同一断面。对中风化崩解岩,河底及一、二级边坡一般采取的措施包括现浇板、打锚杆等,全、强风化岩一般换填 4%水泥改性土。

(4) 膨胀土段前期设计中,在 C006 标段和 J007 标段使用了预制格构结构和生态毯,对于存在四级以上的边坡断面处,这两种结构随边坡级数增大,有时交替使用。

(5) 膨胀土段采用换填水泥改性土的区域,基本采用预制格构结构,在换填黏性土的河段,特别是边坡级数小于四级时,初设阶段使用了大三角、四叶草等结构。

(6) 预制格构结构一般用于 1∶3 的坡面,在特殊情况下也存在用于 1∶2 坡面的情况,如 J007 标段 43+500~43+600 段三级边坡。

(7)膨胀土边坡和崩解岩段,膨胀土二级边坡以下采用现浇混凝土板,崩解岩包括现浇板和打锚杆等处理方式。

(8)生态结构基本位于二级边坡以上,一般在设计或者最高洪水位以上,生态结构型式包括各种型式的人工预制块体和水土保持毯。

3.2 防护分区方法及成果

针对横断面,根据水位特征,将横断面进行竖向分区;根据输水载体和地质条件,将研究区域在横向上进行分段。

3.2.1 竖向分区

岸坡防护设计时,针对断面不同水位区域,水动力条件不同,采用的结构型式有差异。竖向分区主要基于特征水位:

对于通航段,特征水位从上至下包括:最高洪水位、最高通航水位、植被线或青黄线、最低通航水位。根据特征水位,划分为以下分区:L_1 最高洪水位以上、L_2 最高通航水位至最高洪水位、L_3 植被线或青黄线至最高通航水位、L_4 最低通航水位至植被线或青黄线、L_5 最低通航水位以下。见图 3-1。

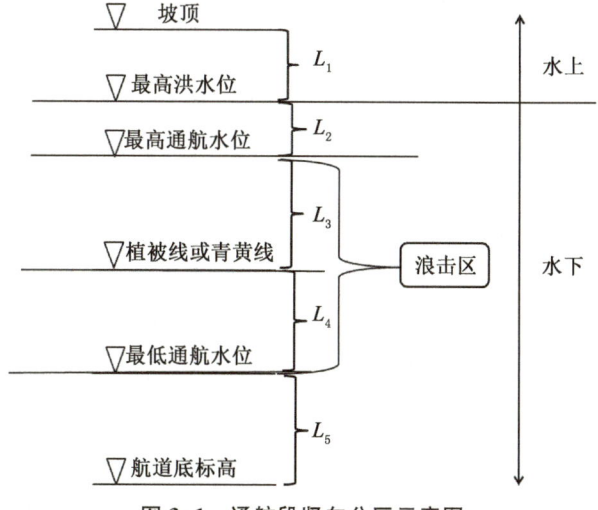

图 3-1 通航段竖向分区示意图

对于非通航段,特征水位从上至下包括:最高洪水位植被线或青黄线。根据特征水位,划分为以下分区:L_6 最高洪水位以上、L_7 植被线或青黄线至最高洪水位、L_8 植被线或青黄线以下。见图 3-2。

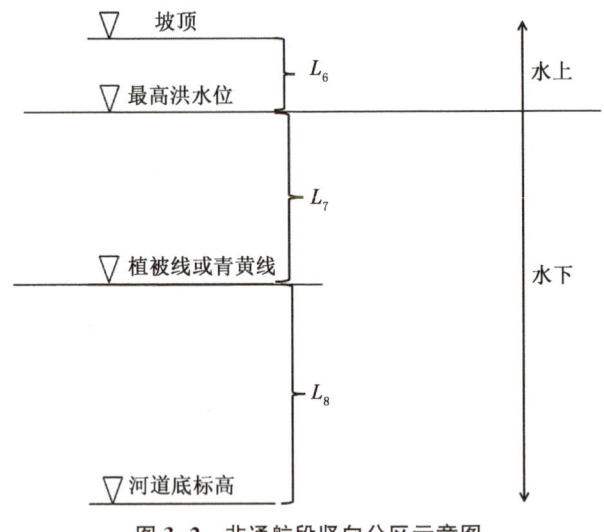

图 3-2 非通航段竖向分区示意图

3.2.2 横向分段

在横向分段方面,考虑 5 个方面的特征,包括 A 类岸坡地质、B 类通航情况、C 类所在区域城乡性质、D 类河道载体来源、E 类填挖方类型:

3.2.2.1 A 类岸坡地质

A 类岸坡地质,划分为 A_1 膨胀土、A_2 土质岸坡、A_3 崩解岩共 3 个子类型。

1) A_1 膨胀土

对于 A_1 膨胀土,均位于通航河段。现有设计方案在膨胀土段采用大框格结构,本研究建议在最高洪水位以上 L_1 区块,使用框格结构;在最高洪水位至最高通航水位之间 L_2 区块,也可以使用大框格,但作用要更强,可以采用上面盖草绳 + 土工格栅,还要考虑草皮的抗冲流速;植被线或青黄线至最高通航水位 L_3 区块,选用现浇混凝土板、或中孔隙率多孔生态结构(孔隙率 20%~30%);最低通航水位至植被线或青黄线 L_4 区块、最低通航水位以下 L_5 区块,为了保证岸坡稳定性,以安全为主要考虑因素,建议采用硬质护坡

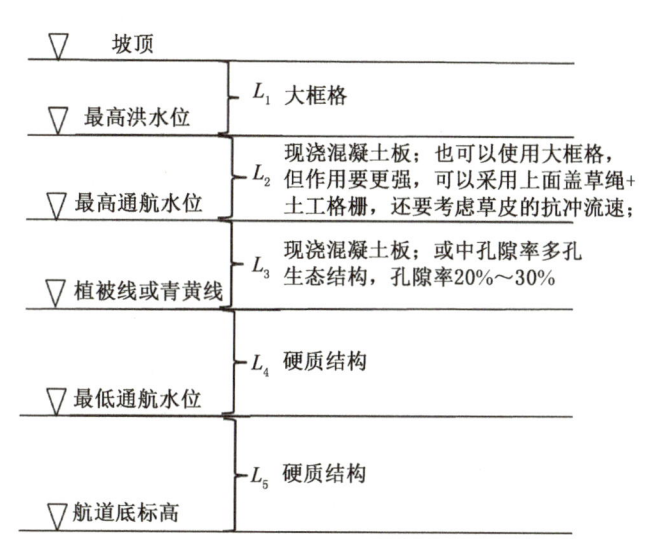

结构。膨胀土段结构选型见图 3-3。

```
▽ 坡顶
         ├─ $L_1$  大框格
▽ 最高洪水位
         ├─ $L_2$  现浇混凝土板；也可以使用大框格，
                   但作用要更强，可以采用上面盖草绳+
                   土工格栅，还要考虑草皮的抗冲流速；
▽ 最高通航水位
         ├─ $L_3$  现浇混凝土板；或中孔隙率多孔
                   生态结构，孔隙率 20%~30%
▽ 植被线或青黄线
         ├─ $L_4$  硬质结构
▽ 最低通航水位
         ├─ $L_5$  硬质结构
▽ 航道底标高
```

图 3-3　膨胀土段结构选型示意图

2）A_2 土质岸坡

对于 A_2 土质岸坡，又因河段是否通航，对应 2 类横断面分区。

（1）对于 A_2B_1 土质岸坡+航道的组合类型，在不同的竖向分区区块，结构选型为：最高洪水位以上 L_1 区块，选用植被护坡或少量结构的生态护坡，或大孔隙生态结构（空隙率 50% 以上）；在最高洪水位至最高通航水位之间 L_2 区块，选用大孔隙生态护坡，孔隙率 50% 以上；植被线或青黄线至最高通航水位 L_3 区块，选用中孔隙率多孔生态结构，孔隙率 20%~30%；最低通航水位至植被线或青黄线 L_4 区块，以及最低通航水位以下 L_5 区块，不将植被生长作为考评指标，指标为有利于水生生物或鱼类生境改良，选用硬质护坡，或小孔隙率生态护坡（空隙率 15% 以下），或带有人工鱼巢功能的护坡结构。通航段土质岸坡结构选型见图 3-4。

（2）对于 A_2B_2 土质岸坡+非航道的组合类型，在不同的竖向分区区块，结构选型为：最高洪水位以上 L_6 区块，选用植被护坡或少量结构的生态护坡，或大孔隙生态结构（空隙率 50% 以上）；在最高洪水位至植被线或青黄线 L_7 区块，选用大孔隙生态护坡，孔隙率 50% 以上；植被线或青黄线以下 L_8 区块，选用硬质护坡，或小孔隙率生态护坡（空隙率 15% 以下），或带有人工鱼

```
▽ 坡顶
▽ 最高洪水位       ├─ L₁ 植被护坡或少量结构的生态护坡,或
                      大孔隙生态结构(空隙率50%以上)

▽ 最高通航水位    ├─ L₂ 大孔隙生态护坡,孔隙率50%以上

▽ 植被线或青黄线  ├─ L₃ 中孔隙率多孔生态结构,孔隙率
                      20%～30%

▽ 最低通航水位    ├─ L₄ 硬质护坡,或小孔隙率生态护坡
                      (空隙率15%以下),或带有人
                      工鱼巢功能的护坡结构

▽ 航道底标高      ├─ L₅ 硬质护坡,或小孔隙率生态护坡
                      (空隙率15%以下),或带有人
                      工鱼巢功能的护坡结构
```

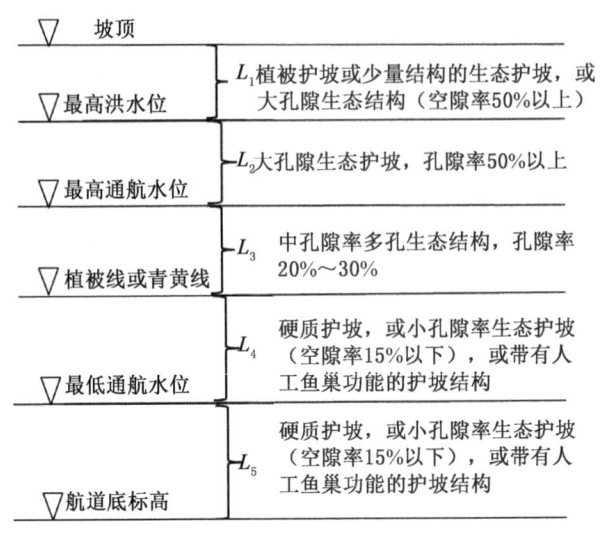

图 3-4　通航段土质岸坡结构选型示意图

巢功能的护坡结构。非通航段土质岸坡结构选型见图 3-5。

```
▽ 坡顶
▽ 最高洪水位     ├─ L₆ 植被护坡或少量结构的生态护坡,或
                     大孔隙生态结构(孔隙率50%以上)

                 ├─ L₇ 大孔隙生态护坡,孔隙率50%以上

▽ 植被线或青黄线

                 ├─ L₈ 硬质护坡,或小孔隙率生态护坡
                     (空隙率15%以下),或带有人
                     工鱼巢功能的护坡结构

▽ 河道底标高
```

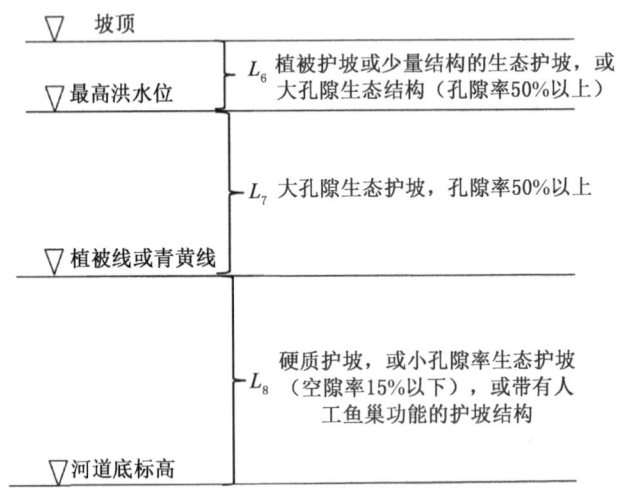

图 3-5　非通航段土质岸坡结构选型示意图

3) A_3 崩解岩

(1) 对于 A_3B_1 崩解岩＋航道的组合类型,竖向分区及结构选型参照膨胀土类型,在不同的竖向分区区块,结构选型为:最高洪水位至最高通航水位之间 L_2 区块,也可以使用大框格,但作用要更强,可以采用上面盖草绳＋土工格栅,还要考虑草皮的抗冲流速;植被线或青黄线至最高通航水位 L_3 区

块,选用现浇混凝土板、或中孔隙率多孔生态结构(孔隙率20%~30%);最低通航水位至植被线或青黄线 L_4 区块、最低通航水位以下 L_5 区块,为了保证岸坡稳定性,以安全为主要考虑因素,建议采用硬质护坡结构。具体参照膨胀土段结构选型图3-3。

(2) 对于 A_3B_2 崩解岩+非航道的组合类型,在不同的竖向分区区块,结构选型见图3-6。其中坡顶至最高洪水位 L_6 区块,采用绿化混凝土或大框格。最高洪水位至植被线或青黄级 L_7 区块,采用现浇混凝土板或绿化混凝土;也可以使用大框格,但作用要更强,可以采用上面盖草绳+土工格栅,还要考虑草皮的抗冲流速;或中孔隙率多孔生态结构,孔隙率20%~30%。植被线或青黄线至河道底标高 L_8 区块,采用硬质护坡;或小孔隙率生态护坡(空隙率15%以下),或还有人工鱼巢功能的护坡结构。

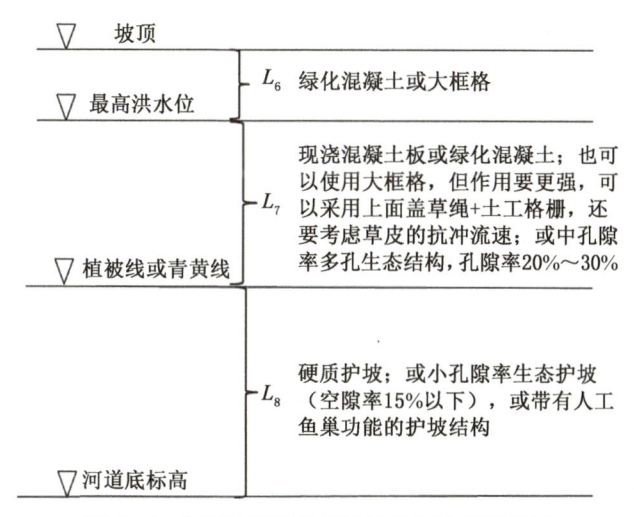

图3-6 非通航段崩解岩岸坡结构选型示意图

3.2.2.2 B类通航情况

B类根据是否通航,划分为 B_1 航道段和 B_2 非航道段共2个子类型。

两类河段水流条件不同,表现在岸坡防护工程防护结构型式选择上,主要表现为防护分区特征水位和分区上的差异,具体见图3-1和图3-2。

3.2.2.3 C类所在区域城乡性质

C类所在区域城乡性质,划分为 C_1 城市和 C_2 乡村共2个子类型。

城市段注重通过植被配置营造景观,乡村段的生态主要体现在植物包括野草在内的成活率上。

3.2.2.4　D类河道载体来源

D类河道载体来源,根据利用原河道或是新开挖渠段,划分为D_1渠道和D_2河道两类。

3.2.2.5　E类填挖方类型

E类根据填挖方类型,划分为E_1挖方和E_2填方共2个子类型。E_2填方区注意土体压实。

3.2.3　防护分区编码表

上述竖向分区、横向分段各个因素是交织在一起,互相影响的,需要综合各类要素考虑岸坡防护结构选型、注意事项及评价标准等。基于竖向分区、横向分段的思路,提出要素组合之后的防护分区编码表(见附表)。该编码表可作为选取具体河段岸坡防护结构的判别标准和参考依据。

第四章

考虑船行波影响条件下的水位变幅区生态防护结构稳定特性研究

本章开展理论计算和物理模型试验,研究船行波等较强水动力因素影响条件下的水位变幅区生态防护结构的稳定特性,结合引江济淮工程自身特点,采用理论计算、船行波模型试验和波浪水槽断面试验三种方法相互配合实现。以代表船型及动力因素为基础进行物理模型试验,开展水位变幅区船行波对生态防护结构的稳定性影响研究,重点研究生态预制块体结构在船行波作用下的稳定性和适用性。具体内容分为船行波模型试验研究与波浪水槽断面试验研究两部分。船行波模型试验为波浪水槽断面试验提供试验所需的设计波要素,波浪水槽断面试验研究工程河段内护岸生态预制块体结构在船行波动力因素影响下的受力特点、结构稳定性以及保土性(块体内填充物在波浪影响下淘刷的程度大小)。

4.1 船行波模型试验

船舶在航道内行驶过程中,船头推开水体,船尾区域由绕流补水,船体对周围水体产生作用力。周围水体受压力、表面张力和重力的共同影响,水面产生波动并以一定的形式向外扩散传播,最终形成"船行波"。船行波波态与船型、船舶航速、水深、过水断面形状以及船舶距岸线距离等因素相关。船行波从船舷侧传播至河道岸坡,表现为波浪不断拍打岸坡,在岸坡上产生较大的波压力,使得护岸块体失稳产生破坏。因此船行波的研究,对于航道工程建设与护岸结构设计具有重要意义。

本次船行波模型试验依托项目为引江济淮工程。引江济淮工程由长江下游上段引水,向淮河中游地区补水,是一项以城乡供水和发展江淮航运为主,结合灌溉补水和改善巢湖及淮河水生态环境于一体的大型跨流域调水工程,是一项集供水、航运、生态等效益于一体的水资源综合利用工程,经济与社会效益非常显著。引江济淮工程安徽段总长度约 587.4 km,其中利用既有河湖或输水管道的渠段长度约 293.8 km,需新开河渠或疏浚扩挖的渠段长度约 293.6 km,需采取防护措施的边坡总长约 587.2 km。对于引江济淮河渠段和湖区段,船行波均为较强的水动力因素。本模型试验以引江济淮工程的可通航段(引江济巢段、江淮沟通段)的设计代表船型、航道断面形式及水动力因素为基础,开展船行波波要素量测试验,同时进行相应的变量分析与理论研究。该模型试验的研究成果可以直接用于工程河段船行波的计算,也可以为波浪水槽断面试验提供试验所需的设计波要素,其研究成果的理论方面也具有一定的推广应用价值。

4.1.1　试验目的

　　本模型试验依托引江济淮工程,基于对影响船行波波高的因素进行变量分析,对工程可通航河段(引江济巢段、江淮沟通段)开展船行波模型试验。目的是通过模型试验测量引江济淮工程内典型河段的船行波波要素,对工程河段内的船行波波高进行计算,同时也为波浪水槽断面试验提供试验所需的设计波要素。试验的布置依据研究目的及相关理论研究基础,依托研究河段设计水槽模型及船模,探求船行波波要素与水力条件、船舶航速等之间的函数关系,并把研究所得的函数关系与已有的经验或者半经验半理论公式及模型试验测量数据进行对比,验证模型试验及推求得到的计算公式的正确性。最后根据试验结果得出波浪水槽断面试验所需的设计波要素。

4.1.2　试验方法

4.1.2.1　几何比尺

　　根据试验依托工程及试验场地规模大小,同时参考已有的相关船行波模型试验研究成果,确定水槽模型的几何比尺为 1∶25。船模设计时其比尺与相应的水槽模型比尺相同,由船模与实船各参数之间的几何比尺关系,计算出代表船型船模的主要尺度参数。

4.1.2.2 模型设计

引江济巢和江淮沟通段总体按照Ⅲ级航道标准进行建设,其中江淮沟通段的派河口至东淝河河段按照Ⅱ级航道标准进行建设。各通航河段内的船舶航速参考京杭运河标准船型中干散货船的设计航速和限制航速,分别取11~13 km/h 和15 km/h。采用四个经典的经验或者半经验船行波波高计算公式对不同航道底宽和设计代表船型组合条件下的近岸船行波波高进行了计算,采用的波高计算公式分别为向金公式、Delft 水工研究所公式Ⅰ和Ⅱ及Gokhsteyn 公式,对应的航道底宽与设计代表船型组合分别为引江济巢段和江淮沟通段的航道底宽45 m 和60 m 及其对应的设计代表船型1 000 t 及2 000 t 级货船。计算过程中45 m 底宽航道对应的高水水深和低水水深分别为引江济巢段最高及最低通航水位条件下的水深12.04 m 及3.3 m,60 m 底宽航道对应的高水水深和低水水深分别为江淮沟通段最高及最低通航水位条件下的水深10.9 m 及4 m。计算过程中的船舶航速取为固定值15 km/h。河道两侧岸坡坡度均按1∶3(工程河段的边坡多在1∶3附近)取值。波高的具体计算值如表4-1 所示。

表4-1 不同底宽航道在不同水位条件下近岸处波高计算值

计算公式	工况			
	45 m、1 000 t		60 m、2 000 t	
	计算波高		计算波高	
	高水水深(m)	低水水深(m)	高水水深(m)	低水水深(m)
向金公式	0.22	0.94	0.22	0.70
Delft 水工研究所公式Ⅰ	0.20	0.25	0.20	0.23
Delft 水工研究所公式Ⅱ	0.16	0.48	0.17	0.38
Gokhsteyn 公式	0.12	0.17	0.10	0.13

注:① Delft 水工研究所公式Ⅰ中的参数 α 取为 0.35;
② 表中数值均为近岸处(岸坡底边线处)的波高计算值;
③ 高水条件下,45 m 底宽航道断面系数 n_1 为 31.71,弗劳德数 Fr_1 为 0.38,60 m 底宽航道断面系数 n_2 为 22.88,弗劳德数 Fr_2 为 0.40;低水条件下,45 m 底宽航道断面系数 n_1 为 5.88,弗劳德数 Fr_1 为 0.73,60 m 底宽航道断面系数 n_2 为 6.52,弗劳德数 Fr_2 为 0.67。

对比表4-1 中的波高计算值可以发现,不同公式的计算值差异较大,且在低水条件下计算得到的波高值差异较高水条件下的差异要大。例如,在

45 m 航道底宽和 1 000 t 级货船组合条件下,四个公式计算得到的波高值变化范围在高水条件下为 0.12～0.22 m,在低水条件下为 0.17～0.94 m;在 60 m 航道底宽和 2 000 t 级货船组合条件下,四个公式计算得到的波高值变化范围在高水条件下为 0.10～0.22 m,在低水条件下为 0.13～0.70 m。虽然不同公式的计算值差异较大,但均满足以下两条规律:(1)在河道底宽及设计代表船型不变的情况下,低水条件下近岸处的船行波波高计算值均大于高水条件下的船行波波高计算值;(2)无论是在高水还是低水条件下,45 m 航道底宽和 1 000 t 级货船组合条件下的船行波波高计算值基本均高于 60 m 航道底宽和 2 000 t 级货船组合条件下的船行波波高计算值。综合考虑以上的分析结果,本次模型试验水槽基于引江济巢段(45 m 底宽航道)的航道断面型式进行设计。根据试验依托工程和试验场地规模,同时参考已有的相关船行波模型试验研究成果,确定水槽模型的几何比尺为 1∶25。

本次模型试验所采用的船舶模型比尺与水槽模型比尺保持一致,均为 1∶25,代表船型选用 1 000 t 级货船,试验采用拖曳船模的方式产生船行波,航速与原型保持相似。船模的比尺列表如表 4-2 所示,试验采用的设计代表船型、实船与船模的主要尺度说明如表 4-3 所示。

表 4-2 船模比尺列表

名称	几何比尺	吃水比尺	排水量比尺	速度比尺	时间比尺
符号	λ_L	λ_T	$\lambda_\triangledown$	λ_V	λ_t
值	25	25	15 625	5	5

表 4-3 实船与船模代表船型及尺度表

代表船型	尺 度			
^	类别	长度(m)	宽度(m)	设计吃水(m)
1 000 t	实船	58	11	2.8
^	船模	2.32	0.44	0.112

4.1.3 试验设计依据

(1)《航道工程设计规范》(JTS 181—2016);
(2)《内河通航标准》(GB 50139—2014);

(3)《运河通航标准》(JTS 180—2—2011);

(4)《航道工程手册》(长江航道局,人民交通出版社,2004);

(5)《内河航道整治建筑物模拟技术规程》(JTS/T 231—8—2018);

(6)《波浪模型试验规程》(JTJ/T 234—2001);

(7)《水运工程模拟试验技术规范》(JTS/T 231—2021)。

4.1.4 试验结论

(1) 根据本次试验的特征参数与试验现象,船舶在本工程河段内行驶所产生的船行波为典型的浅水船行波,散波扩散角(波峰线与船舶纵轴线之间的夹角)较大,约为 45°,远大于深水条件下的扩散角 19°28′。

(2) 影响船行波波高的因素较多:船舶航速、船舶航线离岸距离、船型及其装载度、航道水深、河道过水断面面积、河道断面系数等。对于本工程河段船舶航线离岸距离对船行波波高的传播规律影响较小。

(3) 国内外有关船行波计算公式的计算结果差异很大。本次研究基于船行波试验测量值对船行波计算公式中应用较为广泛的 Delft 水工研究所公式 I 进行了参数率定,验证结果表明对于本工程河段的近岸处波高计算,率定得到的公式计算结果较为准确。率定得到的船行波计算公式表达形式为:

$$\begin{cases} H_m = \alpha h \cdot \left(\dfrac{s}{h}\right)^{-0.33} \cdot \left(\dfrac{V_s}{\sqrt{gh}}\right)^{2.67} \\ \alpha = 1.298 \end{cases} \quad (4-1)$$

(4) 本次研究考虑使用率定公式计算近船处波高时会出现较大误差,基于本次试验测量值,采用量纲分析与多元线性回归分析的方法,推导了适用于本工程河段的船行波近船处与近岸处波高计算公式。该公式对于近岸处和近船处船行波波高的计算均较为适用,而率定公式仅适用于近岸处船行波波高的计算。综合分析后推荐近岸处波高与近船处波高均采用本书推导公式进行计算。本书推导得到的船行波计算公式表达形式为:

$$\begin{cases} h_{船} = 0.904h \cdot \left(\dfrac{V_s}{\sqrt{gh}}\right)^{1.455} \cdot \left(\dfrac{h}{T}\right)^{-1.289} \\ h_{岸} = 0.856h \cdot \left(\dfrac{V_s}{\sqrt{gh}}\right)^{1.388} \cdot \left(\dfrac{h}{T}\right)^{-1.322} \end{cases} \quad (4-2)$$

（5）近岸处与近船处的船行波波高一般均与航道的水深呈反比关系，在船舶航速与吃水深度不变的情况下，近岸处与近船处的船行波波高均随着航道水深的减小而增大。本次试验测得在最低通航水位条件下工程河段近岸处的船行波波高为 1.05 m，因此该工程河段的极限波高取 1.05 m。

（6）有流量的情况下，船舶以相同的静水航速上行（船舶航速与水流流速相反，逆流）产生的船行波波高通常大于下行（船舶航速与水流流速相同，顺流）产生的船行波波高。

（7）船舶在限制性航道内行驶时，两侧岸壁会导致水面波动的反射与叠加，因此近岸处与近船处船行波波高的相对大小并不固定。在两船对遇工况下，近岸处的船行波波高一般大于近船处的船行波波高，而对于两船追越工况，近岸处的船行波波高一般小于近船处的船行波波高。

4.2 波浪水槽断面试验

4.2.1 试验目的

本模型试验基于船行波模型试验的研究成果——引江济淮工程内典型河段的船行波设计波要素，开展波浪水槽断面试验，分析工程河段内护岸生态预制块体结构在船行波动力因素影响下的受力特点、结构的稳定性以及块体内土壤在波浪影响下淘刷的程度大小。并以此为基础，对试验所用的预制块的形状、尺寸和厚度、孔隙率、块体之间的连接方式等设计参数进行优化。为达到上述目的，本次波浪水槽断面试验通过三类试验（块体稳定性试验、波压力测量试验、土体淘刷试验）分别研究不同护岸块体在波浪作用下的稳定性与受力特点，以及块体内土壤在波浪作用下淘刷的特点。

4.2.2 试验预制块体

本次试验考虑项目现场调研情况，前期共设计了 12 种铰链式预制护坡块进行试验，块体的形状与平面尺寸如图 4-1 所示。

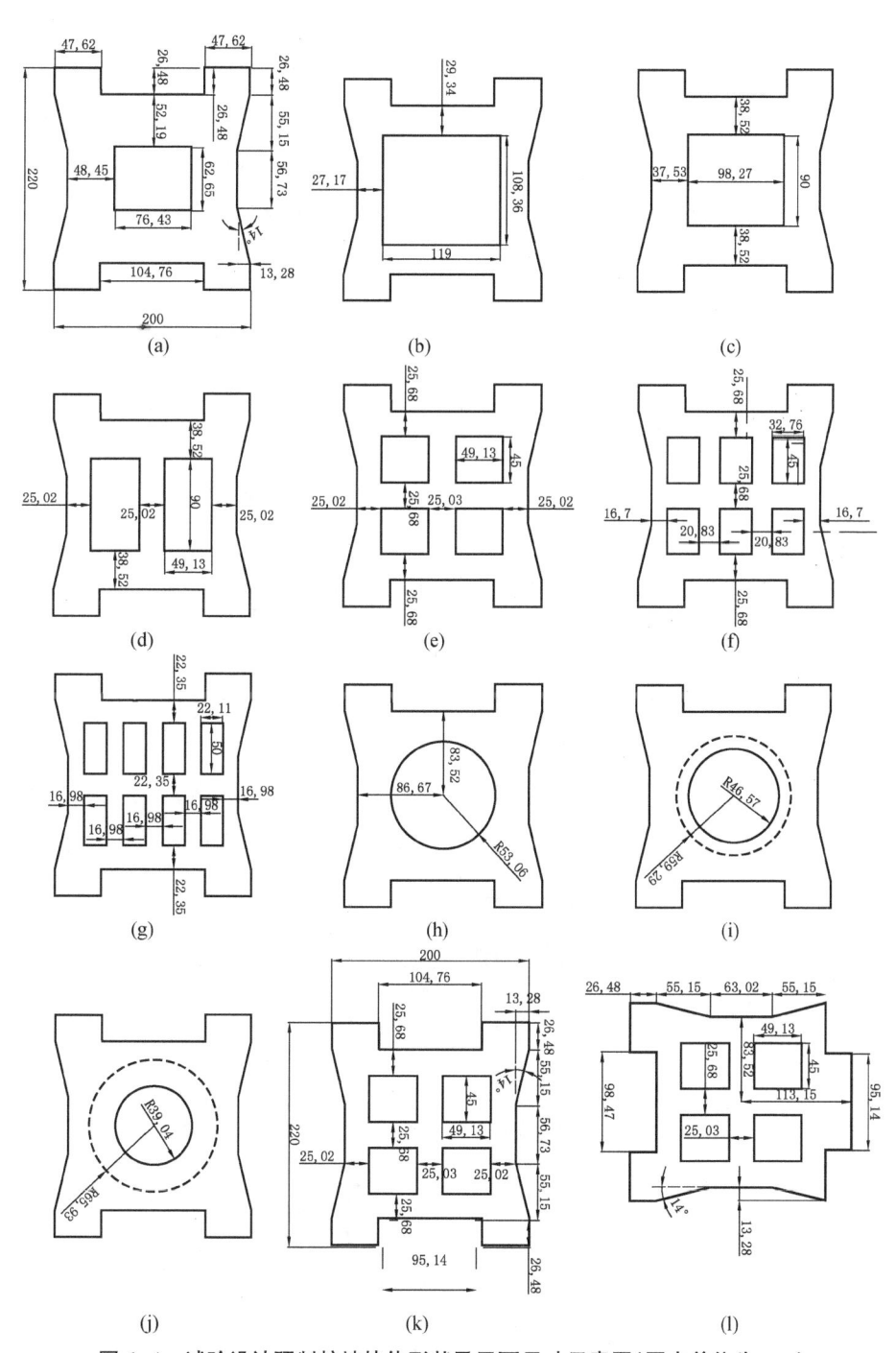

图 4-1　试验设计预制护坡块体形状及平面尺寸示意图（图中单位为 mm）

如图 4-1 所示,(a)～(c)型块体为开单孔型式,空隙率分别为 18%、40%、30%;(d)～(g)型块体分别为开两孔、开四孔、开六孔和开八孔,且空隙率均为 30%;(h)～(j)型块体为圆形开孔方式,且空隙率均为 30%,不同块体上表面与下表面开孔面积变化,其中(h)型块体上下表面的开孔面积相同,(i)型与(j)型块体为上表面开小孔、下表面开大孔的开孔方式,且(j)型块体上表面的开孔面积较(i)型块体的小,下表面的开孔面积较(i)型块体的大;(k)与(l)型块体为开四孔,且空隙率均为 30%,且(k)型块体结构为横向铰接,(l)型块体结构为纵向铰接。

本次试验考虑试验的可操作性以及后期数据处理分析的方便,共计制作了 7 组块体进行了试验,其中几何比尺为 1∶3 的块体共计 6 组,每组块体 80 个,如图 4-2(a)～(f)所示。几何比尺为 1∶5 的块体 1 组,数量为 170 块,如

(a) 一孔(30%,1∶3) 　　(b) 两孔(30%,1∶3)

(c) 四孔(30%,1∶3) 　　(d) 六孔(30%,1∶3) 　　(e) 八孔(30%,1∶3)

(f) 一孔(40%,1∶3) 　　(g) 一孔(30%,1∶5)

图 4-2　试验制作预制护坡块体示意图

图 4-2(g)所示。预制块铺在斜坡坡面上的示意图如图 4-3 所示。

(a) 四孔块体护坡结构　　　　　　(b) 八孔块体护坡结构

图 4-3　两类生态预制块结构布置图

4.2.3　试验方法

4.2.3.1　几何比尺

试验遵循《波浪模型试验规程》(JTJ/T 234—2001)相关规定,同时为满足预制块构件的制作和精度控制、构件附近局部波浪动力特性与原型相似,几何比尺选为 1∶3 与 1∶5,生态预制块分别按两个比尺进行缩制,试验中各物理量的比尺见表 4-4。

表 4-4　波浪断面试验比尺列表

名称	几何比尺	时间比尺	质量比尺	速度比尺	力比尺
符号	λ_L	λ_T	λ_M	λ_V	λ_F
值Ⅰ	3	1.73	27	1.73	27
值Ⅱ	5	2.24	125	2.24	125

按照《内河航道整治建筑物模拟技术规程》(JTS/T 231—8—2018)和《波浪模型试验规程》(JTJ/T 234—2001)等相关规范,考虑几何相似、质量相似和

变形相似等选用材料进行模型制作。构件制成后,进行尺寸和重量的校核。对于单个块体,其重心位置允许偏差为±2 mm,重量的允许偏差为±5%。

4.2.3.2 块体稳定性试验

块体稳定性试验中模型断面及斜坡坡面块体布置的示意图如图4-4所示。

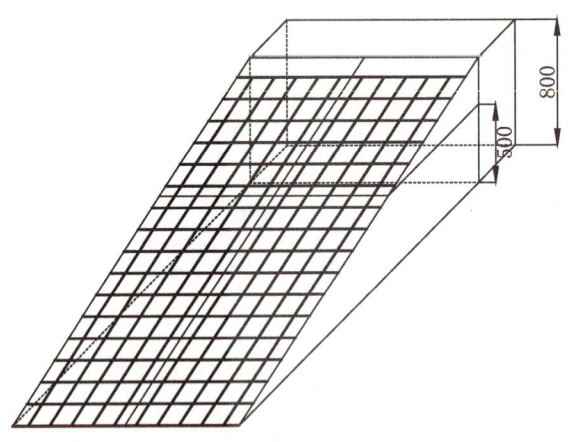

图4-4 模型断面与块体布置示意图(单位为 mm)

进行本次试验之前,首先在斜坡0.5 m高程处铺设一排块体,该块体以下沿程铺设10排块体,以上沿程铺设5排块体(具体的排列方式及数量视块体类型而定)。在率波完成以后,每个工况下造波机造波数量均为1 000,以观察护岸块体在波浪累积作用下的变化情况,护岸块体的累积位移超过其厚度时即认为失稳。根据《波浪模型试验规程》(JTJ/T 234—2001),护岸块体的稳定性试验每组至少重复3次。当3次试验现象差别较大时,增加重复次数,每次试验护面块体均重新摆放。在进行试验之前,先打一定时间的小波,使断面各部分进行必要的调整,然后再输入设计波浪要素进行正式试验。此外,根据《波浪模型试验规程》(JTJ/T 234—2001),规则波试验的波浪数据采集时间间隔应小于平均波周期的1/20。在波浪稳定条件下,连续采集的波浪个数不应少于10个,试验时造12个波并对中间10个波进行采集,对入射与反射波要素进行测量,取其平均值作为代表值。

块体的稳定性主要通过观察斜坡坡面上块体的位移情况进行判断,根据《波浪模型试验规程》(JTJ/T 234—2001):试验中当位移变化在半倍块体边长以上、滑落或跳出,即判断为失稳;当波浪累积作用下出现局部缝隙加大至半倍块体边长以上,也判断为失稳。在波浪作用下,单层铺砌的护面块体,其累积位移超过单个块体的厚度时即失稳,单层随机抛放的护面块体,其位移后产生的缝隙宽度超过块体最大几何尺度一半即失稳。失稳的断面要进行重复试验,重复试验也失稳的,判断为断面失稳,块体没有位移即为稳定。

本试验开展两种坡面构成对块体稳定性的影响试验:

(1) 生态块体下设水泥改性土,模拟时,将块体直接放置在水泥砂浆斜面上,斜面拉细毛。

(2) 生态块体下设置瓜子片和土工布,模拟时,在水泥砂浆斜面上放置碎片石(级配良好且最大粒径控制为1.5 cm)。

块体失稳率计算依据《波浪模型试验规程》(JTJ/T 234—2001)相关规定,采用下式进行计算:

$$n = \frac{n_d}{N_1} \times 100(\%) \quad (4-3)$$

上式中:n 为失稳率(%);n_d 为静水位上、下各1倍设计波高范围内失稳块体数;N_1 为静水位上、下各1倍设计波高范围内块体的总数。

4.2.3.3 波压力测量

根据《波浪模型试验规程》(JTJ/T 234—2001),测量斜坡式建筑物坡面上的波压力分布时,应在坡面上布置1个测点测量最大波压力,由该测点至坡顶,布置测点不应少于两个,由该测点至坡脚,布置测点不应少于3个,并计算沿坡面各测点上的最大波压力分布。波浪力的数据采集时间间隔应小于波浪数据采集的时间间隔。针对规则波,应连续采集10个以上波浪对应的波浪力峰值,取其连续10个的平均值作为代表值。

本次波压力测量试验中,沿着坡面从上至下共布置25个压力传感器。静水位以上共布置12个压力传感器,沿着坡面从上至下编号依次为47♯、56♯、54♯、44♯、3♯、41♯、49♯、39♯、34♯、53♯、55♯、33♯;静水位以下共布置13个压力传感器,沿着坡面从上至下编号依次为57♯、51♯、48♯、31♯、50♯、19♯、42♯、63♯、35♯、40♯、17♯、30♯、52♯。坡前水深为

0.5 m,静水位位于33♯与52♯传感器中间位置。传感器布置按照《波浪模型试验规程》(JTJ/T 234—2001)规定进行。试验时在静水条件下,对所有传感器标零,在静水面以下的传感器以此时的静水压强作为对应的零点,在静水面以上的测点以此时的大气压强作为零点。试验采集到的压强值为实际压强与标零时传感器对应压强的差值,亦即所受到的波浪动水压强。

4.2.3.4 土体淘刷试验

土是由岩石经过物理风化和化学风化作用后的产物,是由各种大小不同的土粒按各种比例组成的集合体。土粒的大小和形状、矿物成分及组成情况对土体的工程性质有着显著影响。天然土体都是由大小不同的颗粒所组成的,土粒的大小通常以粒径(平均直径,又称为粒度)来表示。虽然土颗粒的大小相差悬殊,但土体的粒径一般是连续变化的,工程上常把大小相近的土粒合并为组,称为粒组。各粒组之间的分界线是人为划定的,各个国家,甚至一个国家的各个部门都有不同的规定,土木工程界常用的粒组划分标准见表4-5。

表4-5 土体粒组划分标准

粒组名称	颗粒名称	粒径范围(mm)	一般特性
漂石或块石颗粒		>200	透水性很大,无黏性,无毛细水
卵石或碎石颗粒		200~60	
圆砾或角砾颗粒	粗粒	60~20	透水性很大,无黏性,毛细水上升高度不超过粒径大小
	中粒	20~5	
	细粒	5~2	
砂粒	粗砂粒	2~0.5	易透水,当混入云母等杂质时透水性减小,而压缩性增加,无黏性,透水不膨胀,干燥时松散;毛细水上升高度不大,随粒径变小而增大
	中砂粒	0.5~0.25	
	细砂粒	0.25~0.1	
	粉砂粒	0.1~0.05	
粉粒	粗粉粒	0.05~0.01	透水性小,湿时稍有黏性,遇水膨胀小;干时稍有收缩;毛细水上升高度较大较快,极易出现冻胀现象
	细粉粒	0.01~0.005	
黏粒	黏粒	<0.005	透水性很小,湿时有黏性、可塑性,遇水膨胀大,干时收缩显著;毛细水上升高度大,但速度较慢
	胶粒	<0.002	

本次试验用土取自安徽省合肥市繁华大道桥至蜀山泵站枢纽段（26+800～29+530）的施工工地地表以下 10 m 处的黏土。沿着某一水平剖面，每隔 10 m 取一土样，共计取 9 组土体，试验用土的基本指标由室内试验测量如表 4-6 所示。

表 4-6　试验用土的基本指标

取样编号	含水率(%)	孔隙率	密度(g/cm^3)	干密度(g/cm^3)	土粒比重
1#	26.86	0.42	1.99	1.57	2.717
2#	25.10	0.42	1.96	1.57	2.709
3#	23.98	0.41	2.01	1.62	2.745
4#	19.62	0.36	2.03	1.70	2.637
5#	22.47	0.36	2.07	1.69	2.646
6#	22.82	0.37	2.05	1.67	2.653
7#	22.64	0.38	2.03	1.65	2.643
8#	20.85	0.39	2.04	1.69	2.764
9#	23.31	0.39	2.00	1.62	2.664
均值	23.21	0.39	2.02	1.64	2.69

9 组试验土体的粒径分布范围为 0.5～100 μm，中值粒径为 6.197 μm，粒径累计分布曲线如图 4-5 所示，具体级配指标如表 4-7 所示。

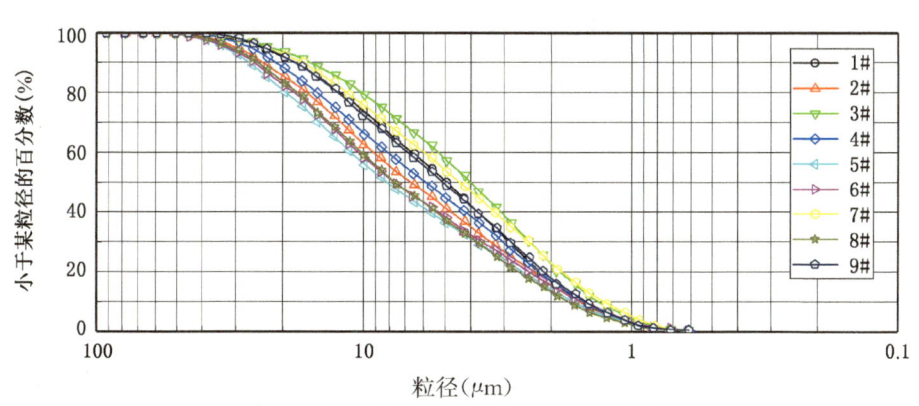

图 4-5　试验土体的粒径累计分布曲线

表 4-7　试验土体级配指标

取样编号	$d_{10}(\mu m)$	$d_{30}(\mu m)$	$d_{50}(\mu m)$	$d_{60}(\mu m)$	$d_{90}(\mu m)$	C_u	C_c
1#	1.551	2.973	5.09	6.711	18.911	4.327	0.849
2#	1.603	3.477	6.832	9.349	24.354	5.833	0.807
3#	1.356	2.493	4.155	5.45	16.583	4.018	0.841
4#	1.547	3.152	6.023	8.322	21.877	5.381	0.772
5#	1.669	3.94	8.338	11.39	27.257	6.826	0.817
6#	1.579	3.752	7.778	10.605	26.362	6.717	0.841
7#	1.301	2.528	4.537	6.149	18.036	4.726	0.799
8#	1.78	3.984	7.783	10.499	25.686	5.898	0.85
9#	1.511	2.951	5.234	7.006	18.722	4.636	0.822
均值	1.544	3.250	6.197	8.387	21.976	5.373	0.822

对于无黏性的散体沙而言，重力的作用是最主要的；对于黏性土而言，颗粒间的黏结力不可忽略，起动流速一般较大。黏性土的起动分析一般分为两种情况：固结黏性土与新淤黏性土。

固结黏性土为沉积固结很久的土，在起动时不以单颗粒，而是以成片或成团的形式进入运动状态，其影响因素较多。新淤黏性土可认为是在河床冲淤过程中急剧沉积下来的新淤不久的有压固结泥沙，对这样的泥沙在起动时仍然可以按单颗粒泥沙来处理，不过相对于无黏性土，其所承受的作用力中增加了颗粒间的黏结力。基于这种观点建立的公式较多，比较典型的有张瑞瑾公式和窦国仁公式。张瑞瑾公式和窦国仁公式均考虑了泥沙颗粒之间的黏结力和薄膜水附加压力的作用，并且在小水深条件下，这两个公式求得的值基本接近。

张瑞瑾公式的表达式如下：

$$U_c = \left(\frac{h}{d}\right)^{0.14} \cdot \left(17.6 \cdot \frac{\gamma_s - \gamma}{\gamma} \cdot d + 6.05 \cdot 10^{-7} \cdot \frac{10 + h}{d^{0.72}}\right)^{0.5} \quad (4-4)$$

窦国仁公式的表达式如下：

$$U_c = 0.32 \cdot \ln\left(11 \cdot \frac{h}{k_s}\right) \cdot \left(\frac{\gamma_s - \gamma}{\gamma} \cdot gd + 0.19 \cdot \frac{gh\delta + \varepsilon_k}{d}\right)^{0.5} \quad (4-5)$$

以上两式中，γ_s、γ 分别为泥沙与水的容重（KN/m^3）；h 为水深（m）；d

为泥沙粒径(mm);且有 $\delta=0.213\times10^{-4}$ cm;$\varepsilon_k=2.56$ cm^3/s^2;$d>0.5$ mm 时,$k_s=d$;$d<0.5$ 时,$k_s=0.5$ mm。

根据对施工现场 9 组土体指标的测量结果,密度 ρ_s 取均值 1.64 t/m^3,粒径 d 取中值粒径均值 0.006 197 mm,水深取为 0.5 m。经张瑞瑾公式与窦国仁公式计算,为保证填充物起动流速相似,粒径扩大至 3 mm。试验前在护岸块体空隙内填入 3 mm 粗砂(密实填充)。每组试验工况完成以后,记录每个块体内填充物的冲刷和淤积厚度,根据记录的各个块体内填充物厚度的变化值进行绘图,由图求得各工况下坡面上形态参数 L_1、L_2、h_1 及 h_2 的值。

4.3 试验设计依据

(1)《水工(常规)模型试验规程》(SL 155—2012);
(2)《堤防工程设计规范》(GB 50286—2013);
(3)《水运工程模拟试验技术规范》(JTS/T 231—2021)。

4.4 试验结论

(1) 垫层具有一定的消浪效果,在空隙率相同的情况下斜坡坡面上块体开孔数越少则下方垫层的消浪效果就越强;在其他条件相同的情况下,护岸块体的消浪效果与开孔数量之间不存在线性关系。在本次试验中,开八孔与开四孔块体的消浪效果较弱而开两孔块体的消浪效果最强。

(2) 块体在船行波作用下的失稳过程具有一定随机性,同时也具有一定的确定性。随机性表现在破坏工况下的波浪功率与块体失稳率之间存在明显的非线性关系,确定性表现在波浪作用下的块体其破坏失稳存在确定的临界状态。

(3) 本研究基于试验测量值建立了相对最大破波压力 $p_n/(\gamma H)$ 与波陡 H/L 之间的计算公式,表达形式如下:

$$\frac{p_n}{\gamma H} = 0.406 \cdot \left(\frac{H}{L}\right)^{-0.571} \tag{4-6}$$

（4）本次土体淘刷试验借鉴土质岸坡在波浪作用下坡面变形的相关研究成果，引入了波浪作用后坡面的主要形态参数进行测量与分析，推导出了最大冲刷深度 h_1、最大淤积厚度 h_2、最大冲刷范围 L_1、最大淤积范围 L_2 的理论计算公式。该系列理论计算公式的表达形式如下：

$$h_1 = 0.119 N^{-0.516} P^{0.789} H^{0.411} L^{0.589} \tag{4-7a}$$

$$h_2 = 0.203 N^{0.080} P^{0.604} H^{0.843} L^{0.157} \tag{4-7b}$$

$$L_1 = 1.94 N^{0.021} P^{-0.139} H^{0.618} L^{0.382} \tag{4-7c}$$

$$L_2 = 1.76 N^{0.109} P^{-0.097} H^{0.854} L^{0.146} \tag{4-7d}$$

第五章

岸坡防护预制块结构型式及设计参数优化研究

本章结合前述章节防护分区成果,分析块体结构所在区块,确认其属于防护分区编码表的何种编码类型,再对照推荐的结构型式和判别标准,初步判断结构的适用性和优化原则。根据物理模型试验结果,优化结构的连接方式、尺寸和空隙率等特征参数。

5.1 膨胀土及崩解岩段结构优化

膨胀土富含膨胀性黏土矿物,是一种具有吸水膨胀软化、失水收缩干裂显著特征的特殊黏土,同时具有裂隙发育和超固结等特征。边坡膨胀土多为非饱和土,土中水分通过地表蒸发,经过反复干湿交替后,土体发生吸水膨胀和失水收缩变形,在膨胀土中产生胀缩裂隙。目前较多观点认为膨胀土经反复干湿交替而裂隙开展是膨胀土边坡失稳的主要因素。也有观点认为膨胀土边坡的整体稳定性受裂隙面强度控制,而吸湿条件下的浅层失稳,主要影响因素为土的膨胀变形。虽然目前在土力学角度关于膨胀土边坡的失稳机理有一定争鸣,但是水利工程中的膨胀土边坡极易发生滑坡灾害是普遍共识。例如我国南水北调工程穿越中部地区的膨胀土区域累计长度达387 km,沿线发生大量滑坡、坍塌和水土流失等严重地质灾害问题,其中南阳段渠道在施工期间滑坡高达100次。

关于膨胀土边坡的防护方法,一般可分为以下几类:第一类,在渠道衬砌范围内主要从防渗角度考虑,基本结构常采用衬砌表面和防渗垫层两部分。

其中，衬砌面层最常用的是刚性衬砌现浇混凝土板，考虑膨胀土的膨胀变形，也可采用柔性衬砌，如加筋土结构（包括土工格栅加筋土、土工格室加筋土、喷射纤维丝加筋土等）、模袋结构等。防渗垫层可以采用土工膜、沥青油毡、膨润土防水毯或其他高分子材料。第二类换填法，对于衬砌范围以外的浅表层蠕动变形，为减少膨胀土与外界水分之间的交换，一是采用一定厚度的换填措施。换填材料包括非膨胀黏性土和改性土，膨胀土改性方法有纤维土等物理改性方法及膨胀土中掺水泥、粉煤灰等化学改性方法。第三类柔性支护法，殷宗泽在镇江南徐大道黄山段，采用了土工膜覆盖避免裂缝开展的膨胀土边坡加固方法。李颖在南水北调陶岔渠首至沙河南段工程开展了土工格栅柔性支护现场试验。第四类，对于较深层—深层滑动边坡，可采用锚固、抗滑桩等刚性支挡措施。第五类表面防护，有时与第二类换填法配合使用，不换填时有时与锚固结构配合使用。表面防护结构包括布设土工格栅、堆砌土工袋或加筋生态袋、混凝土框格结构、拱形结构等。带孔表面防护结构多与植草措施相结合，可以充分发挥边坡的生态功能。膨胀土边坡防护常用结构型式见图 5-1。

尽管关于膨胀土工程特性问题已有较多研究探索，但以往主要侧重于从土力学的角度，如膨胀土自身的土体特性、边坡破坏机理以及边坡稳定性处理措施。边坡防护结构的采用更多关注膨胀土边坡的稳定性，而较少考虑边坡防护结构形成的植被生长环境和生态效应。为此，本文以重大调水工程引江济淮工程分水岭典型膨胀土边坡防护为研究对象，通过现场试验效果分析，对预制格式结构的稳定性和植被生长情况、产生的问题及原因进行了分析，并基于此提出了针对性的生态防护结构优化方案，研究成果对进一步认识膨胀土地区人工干预创面的生态修复有一定参考意义，可为引江济淮及其他膨胀土地区岸坡防护设计提供支撑。

5.1.1　引江济淮工程地质概况

引江济淮工程自南向北划分为引江济巢、江淮沟通、江水北送三段输水及航运线路。淮河以北输水河道为江水北送段，小部分为黏土性单一结构地层，大部分为黏砂双层结构、砂黏双层结构、砂层单一结构、黏砂互层的多

(a) 混凝土模袋 　　　　　　　　(b) 带种植孔混凝土模袋

(c) 预制大框格结构 　　　　　　(d) 连拱结构

(e) 方格骨架护坡 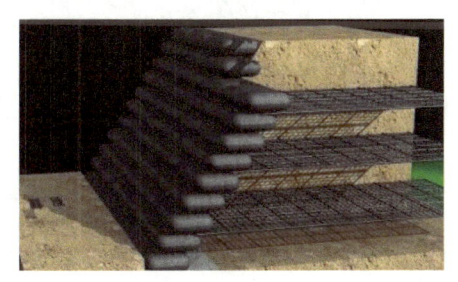　　　　　　　(f) 加筋生态袋

图 5-1　膨胀土边坡防护常用结构型式

层结构。淮河以南输水河道中膨胀土段占总长度的 44%，集中在菜巢分水岭、江淮分水岭段。引江济淮工程采用土体的自由膨胀率作为膨胀土分段的等级划分标准：河段有超过 1/3 土体试样自由膨胀率大于 90% 时，为强膨胀土河段；河段有超过 1/3 土体试样自由膨胀率大于 65% 时，为中膨胀土河段；河段有超过 1/3 土体试样自由膨胀率大于 40% 时，为弱膨胀土河段；河段自由膨胀率大于 40% 的土体试样不足 1/3 时，定义为无膨胀土河段。按照该划分标准，淮河以南膨胀土河段中弱膨胀土河段占 80.79%，中膨胀土河段占 18.50%，强膨胀

土河段占 0.71%。

分水岭沿线膨胀土分布的特点,一是分布里程长,工程沿线几乎全线分布有弱、中等膨胀土;二是分布范围深,开挖断面上部膨胀土分布深度最大达 25 m;三是雨季和旱季特征明显,且雨季持续时间长、降雨量大,有利于膨胀土裂隙性和膨胀性作用的显现;四是工程周边其他工程曾出现较严重的变形破坏问题。

5.1.2 膨胀土护坡处理思路

引江济淮工程膨胀土边坡处理的总体思路:膨胀土过水断面以下采用喷混凝土保护、换填改性土等综合处理措施,膨胀岩过水断面以下采用喷混凝土保护、混凝土格构梁、锚杆加固等处理措施;膨胀岩(土)过水断面以上采用生态护坡结构。

换填土的目的是隔绝膨胀土与外部水体交换,预防膨胀土发生裂缝和膨胀。换填改性土材料采用 4%的水泥改性土,换填土的厚度按照土体的膨胀性强度确定,弱膨胀土区换填 1.0 m 厚改性土,中、强膨胀土区换填 1.5 m 厚改性土。

膨胀土集中区菜巢分水岭、江淮分水岭,开挖边坡为土、岩混合边坡。上部为具有中膨胀特性的重粉质壤土,最大厚度约 19 m;下部为具有崩解和膨胀特性的泥质粉、细砂岩,最大厚度约 31.2 m,且边坡均需进行深开挖。此类高边坡、深开挖的膨胀土岸坡防护工程边坡坡度采用 1∶3,每级边坡垂直高度 6 m,由于边坡较高,多处护坡采用四级及以上边坡,开挖最深处达七级边坡。为保护换填土表面不直接受水冲刷,在二级平台以下换填土表面设置厚 0.15 m 现浇混凝土护坡;二级平台以上换填土表面采用预制块体结构。

5.1.3 膨胀土边坡原生态防护结构结构型式

5.1.3.1 原设计预制格式结构型式

膨胀土边坡二级以上边坡采用的预制块体结构为预制格式结构,又称为大框格,结构型式平面图见图 5-2,立面图见图 5-3,现场铺设效果见图 5-4。该结构为中空正方形框格,框格间采用横向螺杆柔性连接,每格边长 1.08 m,深度 0.3 m,框格内先填种植土后种植草皮。

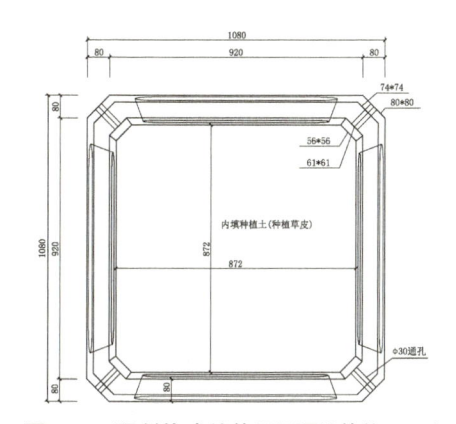

图 5-2 预制格式结构平面图(单位:mm)

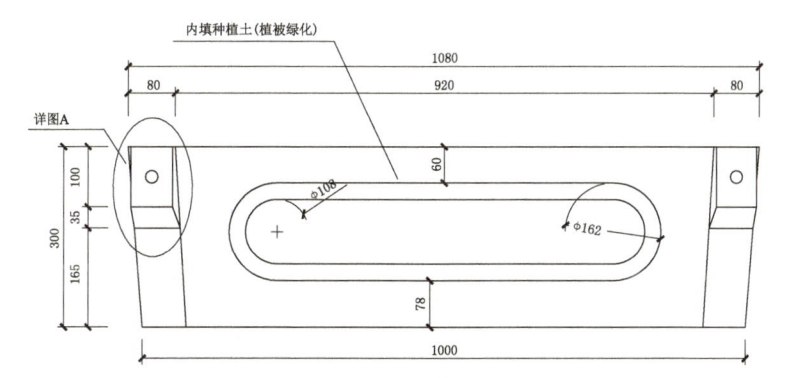

图 5-3 预制格式结构立面图(单位:mm)

图 5-4 预制格式结构现场铺设照片

预制格式结构主要用于膨胀土段三级边坡及以上,用于保土。对于膨胀土段,预制格式结构由于体积大、厚度也较厚,可以盛放足够的耕植土,对于膨胀土段的岸坡防护具有很好的适应性。

5.1.3.2 预制格式结构现场试验

1) 现场试验

为了引江济淮工程设计、施工安全,在工程正式施工前开展了现场试验研究。该试验段属于江淮沟通段一小部分,位于安徽省合肥市蜀山区小庙镇南窦小郢村内,G312 国道南侧,长约 1.5 km。试验包括多项内容,如地质勘察、膨胀岩(土)工程地质特性、膨胀土改性试验、锚杆锚固试验、护坡结构效果试验等。

2) 预制格式结构效果分析

试验段护坡换填 1.5 m 改性土,共设置三级边坡,其中一级边坡采用混凝土现浇板护砌,二级边坡和三级边坡采用生态护坡,生态护坡结构包括预制格式结构和生态保护毯。预制格式结构内部填 30 cm 当地耕植土并压实,上撒狗牙根草籽。试验段生态护坡现场效果见图 5-5,图中二级边坡为预制

图 5-5　试验段护坡效果图

格式结构,三级边坡为生态保护毯。根据现场试验效果,分析预制格式结构实施后在稳定性和植被生长方面存在的问题,分析产生问题的原因,并优化方案。

(1) 结构稳定性

框格结构采用整体刚性连接,适应局部变形能力差,存在稳定性风险。

产生结构稳定性问题的原因:一是,在结构设计方面,框格结构之间采用螺栓进行刚性连接,在受外部条件影响时,容易产生应力集中。由于没有设置变形功能,导致构筑物易产生拉裂(见图5-6)。二是,在耕植土和换填的改性土之间存在明显的分层,两种土体性质不同,分层区域在雨水冲刷作用下容易形成滑动面,产生整体稳定性风险(见图5-7)。

图 5-6 框格结构连接方式

(2) 植被生长情况

根据试验段植被生长过程情况,狗牙根喷播一年以后覆盖量达50%左右,一年半后覆盖量达70%~80%,两年后基本全部被野草覆盖。图5-8为2019年6月小庙试验段现场植被生长情况照片,现场裸露地面较多,灰色的植物为已经枯死的设计植被狗牙根,绿色植物为野草,以小蓬草为主。小蓬草为一年生草本植物,根系极不发达,基本没有固土作用。由此可见,试验段植被生长效果不理想。导致该现象的原因,一是在试验初期喷播狗牙根草籽后,短时间内发生了大暴雨,坡面草籽被水冲掉;二是从护坡结构来看,预制格构结构存在严重的内土体流失和保水性问题。

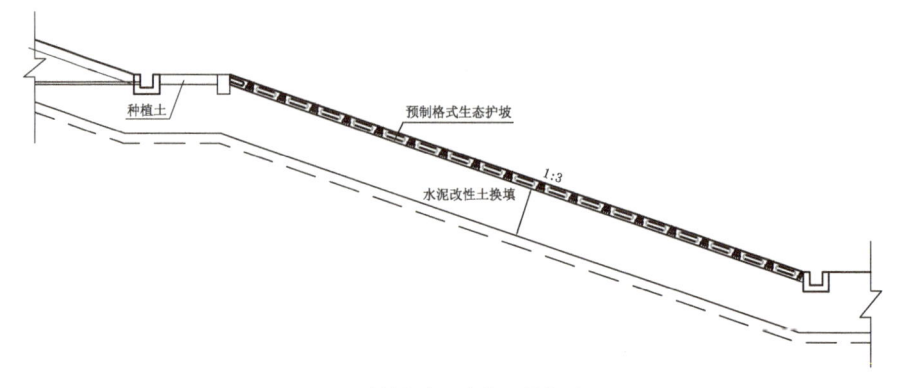

(a)预制格式生态护坡结构图

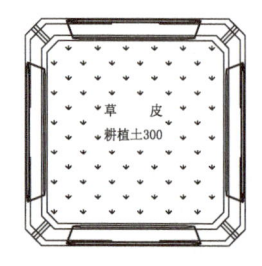

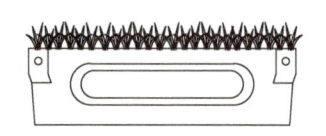

(b)预制格式生态护坡平面图 (c)预制格式生态护坡立面图

图 5-7 膨胀土段土体换填方案

图 5-8 试验段框格土体流失情况

① 土体流失问题及原因

从试验段现场情况来看,框格内回填的耕植土流失情况明显,相当数量的框格内,耕植土流失比例在 1/3～1/2。从框格结构内部来看,下部土体流失率高于上部,边角淘空明显。从边坡整体来看,越靠近渠段方向,土体流失率越高。

产生土体流失问题的原因:一是施工过程中回填进框格的耕植土土体未完全压实。二是现有的施工条件下,回填的 30 cm 耕植土土量无法保证的问题。三是框格中回填的耕植土直接暴露在外边,缺少保护和遮挡,尤其在植物根系尚未扎牢时,在暴雨冲刷作用下,导致较为严重的土体流失。四是 30 cm 耕植土厚度可能不够的问题。

② 保水性问题及原因

从试验段现场土体情况来看,上部耕植土比较干燥,保水性差,如图 5-9 所示,这也是影响植物生长的关键原因。

框格结构保水性问题的根本原因,在于换填 1.5 m 的改性土,隔离了其下部原状土与其上部耕植土之间的水体交换。此外,框格结构设计方面,结构上、下均开孔,纵向连通加剧了下雨天水分和土体的流失。

图 5-9 试验段框格土体保水情况

(3) 施工便利性问题

大框格结构尺寸长 1.08 m、宽 1.08 m、厚 0.3 m,约 180 公斤。大框格结构作为一种 3 级平台以上的护坡结构,其使用效果较好,但由于单个结构块体大、重量大,现场受施工场地及施工环境影响,机械化作业水平低、施工存在一定难度。

5.1.4 预制格式或大框格结构优化研究

根据试验段预制格式结构现场试验效果,分析该结构存在结构稳定性、土体流失和保水性三个方面的问题,并分别提出相对应的优化措施。

5.1.4.1 解决结构稳定性问题的措施

改变框格结构原有的螺栓刚性连接方式,如使用适应局部变形能力更强的钢铰绳等相对柔性的连接方式,或通过改变结构之间的搭接实现无连接方式,见图 5-10。提出以下方案:①上、下结构之间搭接 2 cm 左右,用钢绞绳连接,见图 5-10(a)。②在与上部框格搭接的下部结构增加牛腿,以起到支撑上部结构的目的,见图 5-10(b)。③上、下结构连接处,将刚性螺栓改为采用钢绞绳连接,见图 5-10(c)。

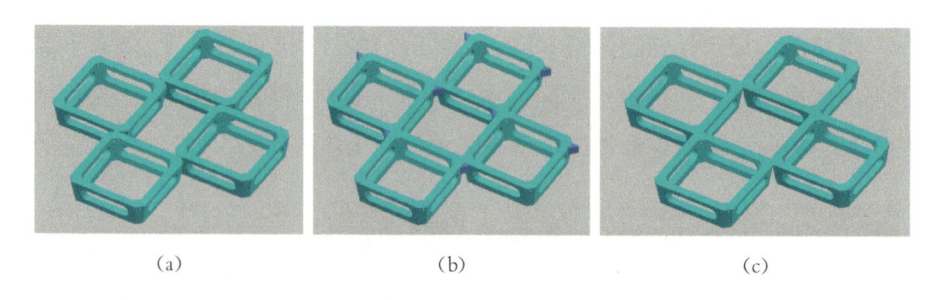

(a)　　　　　　　　　　(b)　　　　　　　　　　(c)

图 5-10　改善结构连接方案图

5.1.4.2 解决土体流失问题的措施

(1) 针对由于土体压实和回填土土量不足引起的土体流失问题,在施工过程中,必须严格控制施工质量,保证土体充分压实、耕植土保质保量回填。

(2) 针对耕植土缺少保护和遮挡引起的土体流失问题,在框格内回填的耕植土表面,采取遮挡措施(见图 5-11):①耕植土表面铺草绳,见图 5-11(a)。②耕植土表面铺石子,见图 5-11(b)。③耕植土表面铺土工格栅,图 5-11(c-1)中土工格栅各边长约 10 cm,以便压实于土体中固定格栅。图 5-11(c-2)中框格结构设置 2~3 cm 凸起以固定格栅。④耕植土表面铺草绳和土工格栅,草绳在下,土工格栅在上,图 5-11(d-1)中土工格栅类似于图 5-11(c-1)。图 5-11(d-2)中土工格栅类似于图 5-11(c-2)。

(3) 针对耕植土厚度不够的问题,可通过改变框格结构设计,增加耕植土厚度(见图 5-12)。在改性土上面铺 20 cm 耕植土,然后再在其上铺设框格结构,内填 30 cm 耕植土,为稳固耕植土,防止新铺 20 cm 耕植土与改性土之间产生薄弱滑动面,框格结构四个角上增加设置 4 个 20 cm 的脚扎在框格下面的耕植土中。

(a)　　　　　　　　　(b)　　　　　　　　(c-1)

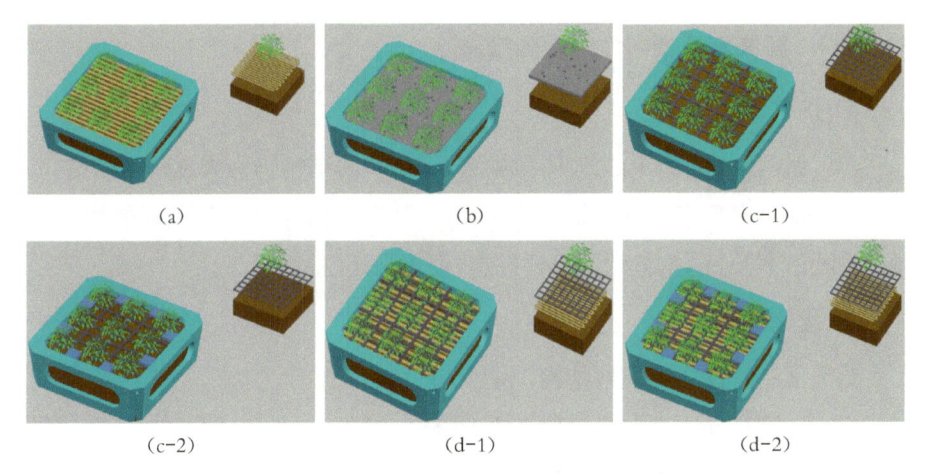

(c-2)　　　　　　　(d-1)　　　　　　　(d-2)

图 5-11　通过固土改善土体流失方案图

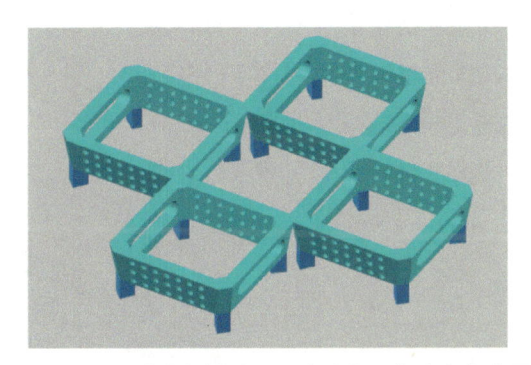

图 5-12　通过增加耕植土厚度改善土体流失方案图

5.1.4.3　解决保水性问题的措施

上述解决土体流失问题的措施，在保土的同时，也避免阳光直接照射土体，降低水分蒸发，对于解决保水性问题也有作用。此外，针对原框格结构设计中上、下纵向连通孔引起的保水性问题，可采用上、下孔用土工布、不开孔的塑料板或塑料板遮挡的措施，见图 5-13。开孔大小需要通过现场试验确定。

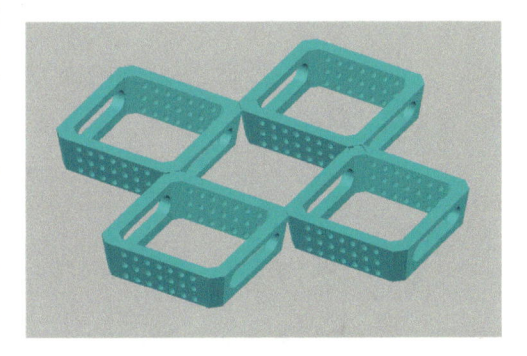

图 5-13　增加保水性方案图

5.1.4.4 解决施工便利性问题的措施

1) 优化思路

(1) 保留大框格结构的大体积优势,优化后的结构仍为大型框格结构。

(2) 针对大框格整体重量大的缺点,将其拆分为 4 个重量较轻的预制杆件,每个预制杆件的重量约 100 斤左右,便于搬运、拼装施工。

2) 优化结构

(1) 预制杆件式大框格结构 1,见图 5-14(a)。

(2) 预制杆件式大框格结构 2,见图 5-14(b)。

(3) 预制杆件式大框格结构 3,见图 5-14(c)。

(4) 预制杆件式大框格结构 4,见图 5-14(d)。

(5) 预制杆件式大框格结构 5,见图 5-14(e)。

(6) 预制杆件式大框格结构 6,见图 5-14(f)。

(7) 预制杆件式大框格结构 7,见图 5-14(g)。

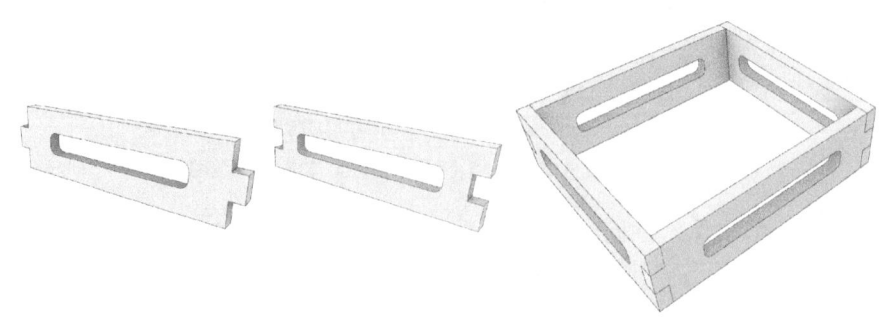

(a) 预制杆件式大框格结构 1

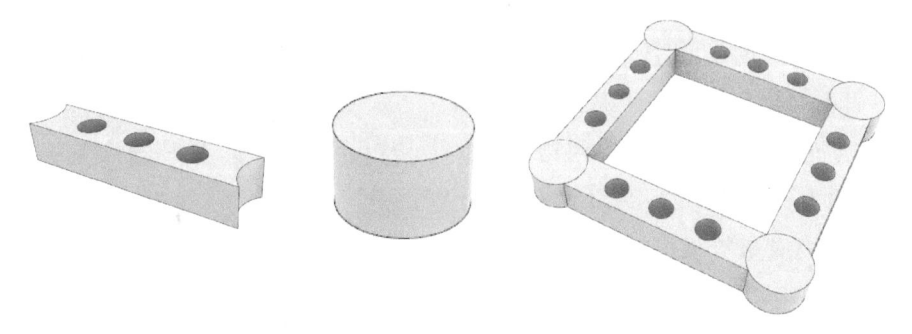

(b) 预制杆件式大框格结构 2

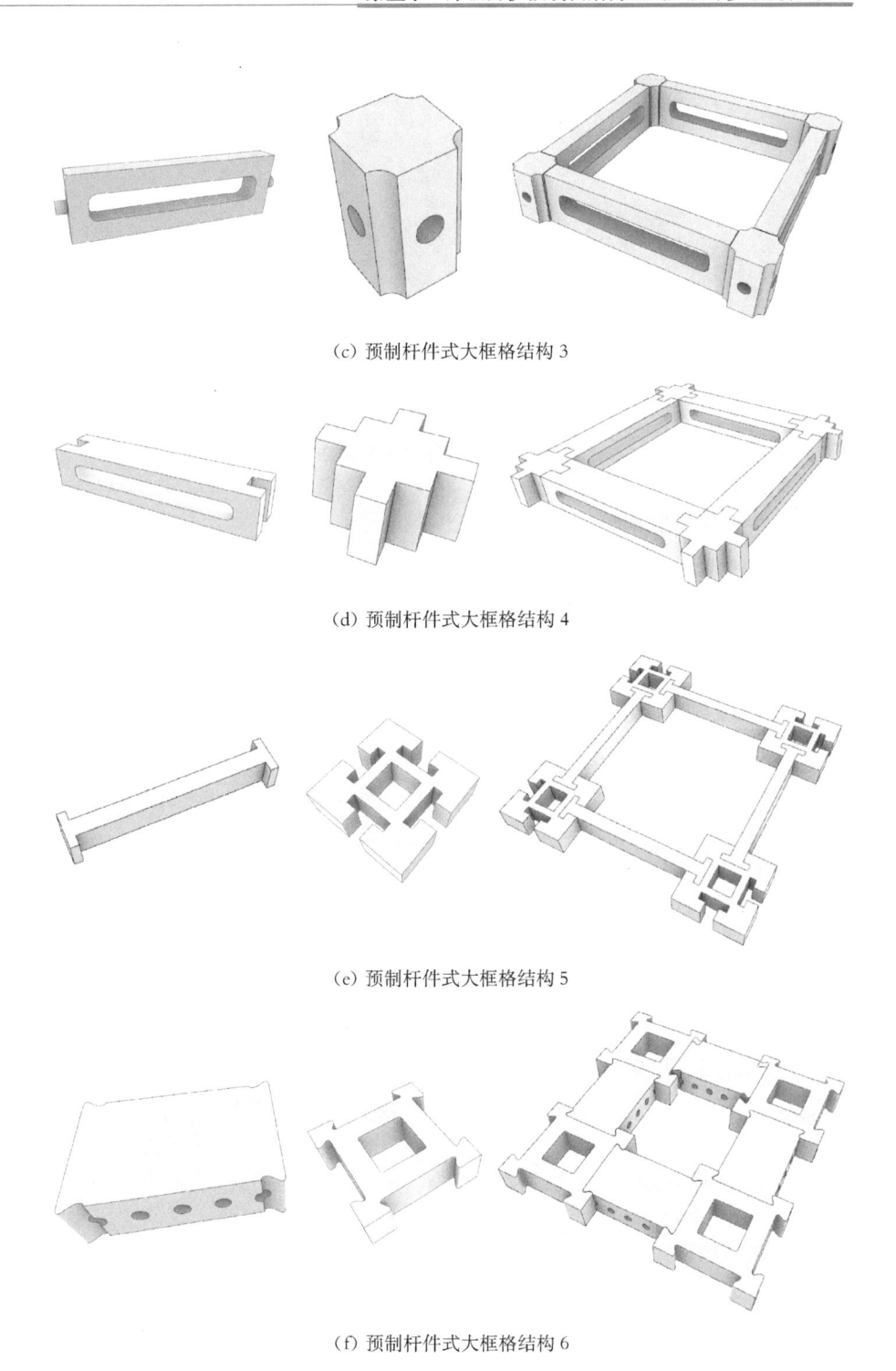

第五章　岸坡防护预制块结构型式及设计参数优化研究

(c) 预制杆件式大框格结构 3

(d) 预制杆件式大框格结构 4

(e) 预制杆件式大框格结构 5

(f) 预制杆件式大框格结构 6

053

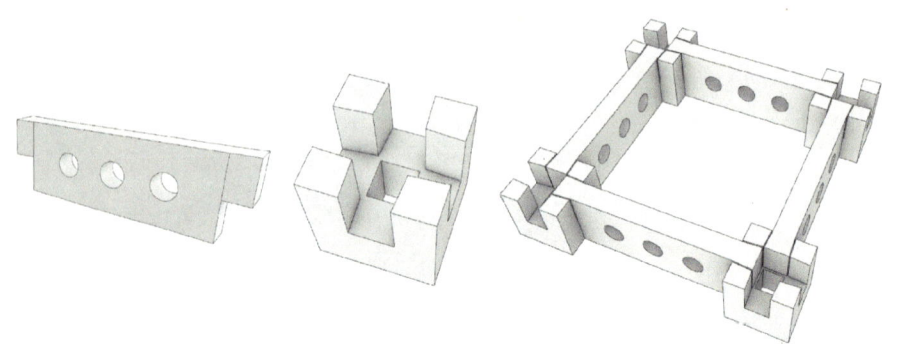

(g) 预制杆件式大框格结构 7

图 5-14　预制杆件式大框格结构

3) 结构优化后利弊

（1）优点

降低了低机械化施工条件下的施工难度、易搬运、有利于局部维修。

（2）可能存在的问题

在搬运和施工过程中，作为连接件的凸榫和卯孔损坏率可能较高，提高了搬运和施工的技术要求。

作为连接件的凸榫和卯孔尺寸需经过试验确定。如果凸榫和卯孔间缝隙过小，施工较困难；如果缝隙过大，则不利于结构稳定性。

5.2　小型预制块体结构优化

前期设计使用的小型预制块结构，或者小型生态砖的结构型式，包括：四面超强联锁结构、四叶草、大三角、水下铰链排、水滴结构等，对其优化方案见本节。

5.2.1　四面超强联锁结构

1) 原结构型式及使用范围

肥西段 J2-2 标段，最高通航水位以下有部分区域使用生态砖结构，块体结构型式有两类，见图 5-15。

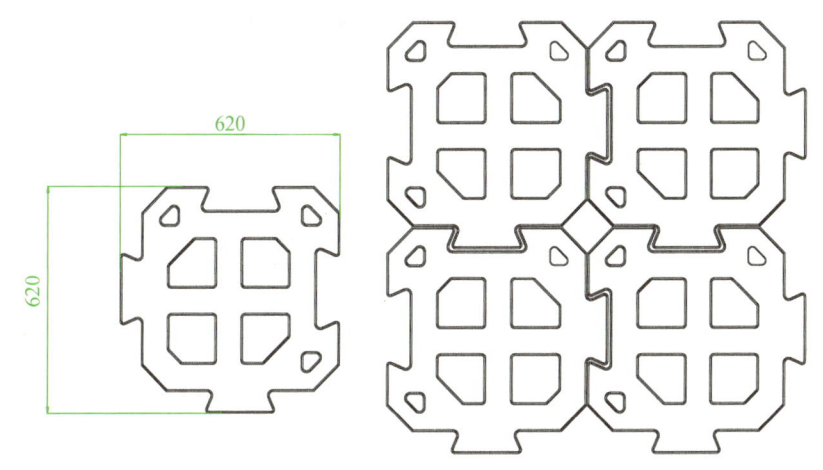

图 5-15　生态块体结构型式 1-四面超强自锁块

2）结构优化思路

（1）在最高通航水位 +1 m 以上的区域，适合采用大开孔率的结构，图 5-17 所示结构块体的开孔率约为 30%，是适合的。

（2）在最高通航水位 +1 m 以下至该级边坡底部的区域，受船行波影响，采用的结构空隙率不大于 25%。

（3）该结构中间四个孔的单孔尺寸偏大，在最高通航水位至坡脚处，孔内土体和填料在船行波影响下容易被淘刷。

图 5-15 所示结构单孔尺寸偏大，可能导致孔内填充土体在浪击影响下被淘刷，建议进一步减小结构的单孔尺寸，采用多开孔开小孔的方式，并采取措施防止土体流失，如表层排一层小石子等。

3）结构优化方案

根据上述结构优化思路，以生态块体结构型式 1-四面超强自锁块为基础，初步优化后提出四类结构型式，见图 5-16 至图 5-19。分别为：①生态块体结构型式 2-护坡砖（花），孔隙率为 28%～30%；②生态块体结构型式 3-护坡砖（菱），孔隙率为 28%～30%；③生态块体结构型式 4-护坡砖（+），孔隙率为 27%～29%；④生态块体结构型式 5-护坡砖（心），孔隙率为 27%～29%。

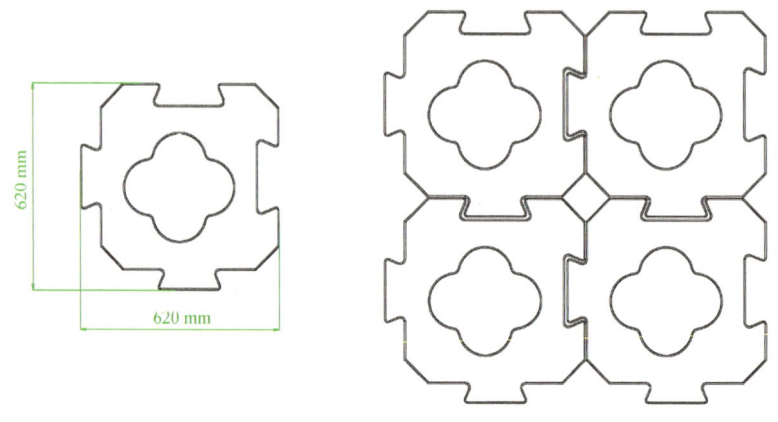

图 5-16　生态块体结构型式 2-护坡砖(花)

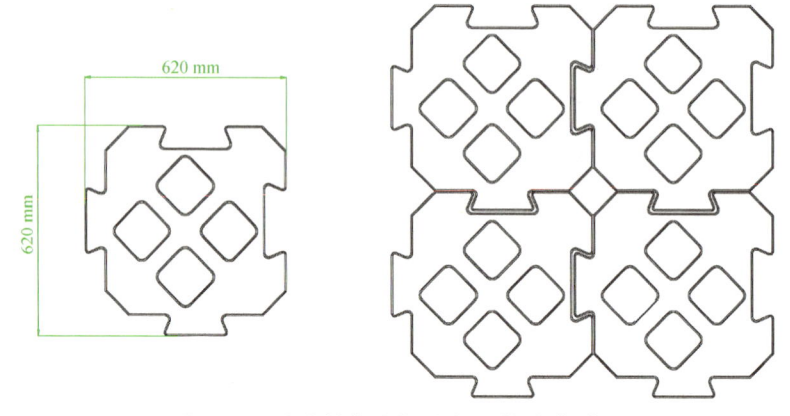

图 5-17　生态块体结构型式 3-护坡砖(菱)

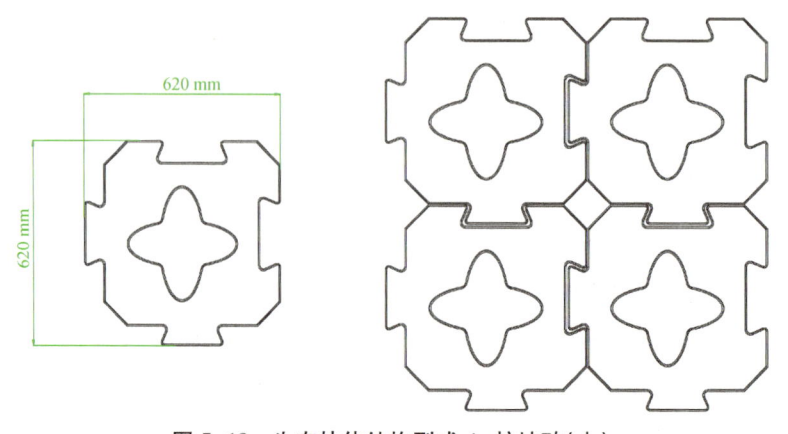

图 5-18　生态块体结构型式 4-护坡砖(十)

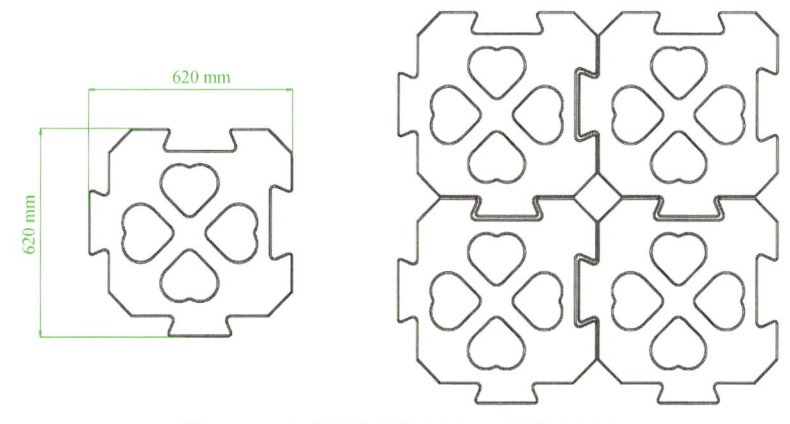

图 5-19　生态块体结构型式 5-护坡砖(心)

4) 结构选用思路

(1) 在区块 1-设计洪水位以上、区块 2-设计洪水位至最高通航水位,优化后的四种结构型式,包括生态块体结构型式 2-护坡砖(花)、生态块体结构型式 3-护坡砖(菱)、生态块体结构型式 4-护坡砖(＋)、生态块体结构型式 5-护坡砖(心)均适用。

(2) 区块 3-最高通航水位至坡底内

① 受船行波影响,建议采用的结构孔隙率为 20%～30%,且单孔尺寸不易过大,生态块体结构型式 2-护坡砖(花)、生态块体结构型式 4-护坡砖(＋)的单孔尺寸过大,不建议采用。

② 生态块体结构型式 3-护坡砖(菱)、生态块体结构型式 5-护坡砖(心)的孔隙率及单孔尺寸在建议范围内,为了防止孔内填充土体在浪击影响下被淘刷,建议中间四个孔的开孔型式可进一步优化,改进为上口小、下口大的结构型式,且块体上表面孔隙率控制在 25%。

(3) 如果考虑施工便利性及造价的控制问题,需要二级边坡采用统一生态结构型式的条件下,以结构安全性为前提,建议二级边坡的结构选型参照"区块 3-最高通航水位至坡底"部分,即建议按照上述第②条选用结构。

5.2.2　四叶草结构

1) 原结构型式及使用范围

四叶草结构又称四边形生态砖、心形砖等,见图 5-20。尺寸为

600 mm×660 mm×120/150 mm,12 cm 块体约重量 73 kg/块,不同的排列方式形成不同空隙率,使用图 5-21 铺排方式 1(联锁方式铺设)时,空隙率为 25%～30%;采用图 5-22 铺排方式 2(平铺方式)时,空隙率在 40%左右。

图 5-20　四叶草结构

图 5-21　四叶草铺排方式 1

图 5-22　四叶草铺排方式 2

第五章 岸坡防护预制块结构型式及设计参数优化研究

2) 结构优化思路

四叶草结构型式适用于土质边坡水位变幅区,当用于植被线与最低通航水位之间时,建议采用铺排方式1(联锁方式铺设),以保证结构稳定性;当用于植被线以上时,建议可采用铺排方式1(平铺方式),形成较大空隙率为植被生长提供更多空间。在浪击区,心形孔可以比较好地防止土体流失。在浪击区以上区域,考虑到心形孔的边角空间容纳植株数量有限,会形成一些无效的空隙,因此,在浪击区以外,对孔的形状进行优化,以达到同样铺排方式、同等空隙率条件下,形成更多的植物有效生长空间。

3) 结构优化方案

(1) 四叶草优化型式1,见图5-23(a):联锁结构,单孔,块体尺度600 mm×660 mm×150 mm,开孔率约35%,块体重量约78 kg。

(2) 四叶草优化型式2,见图5-23(b):联锁结构,四孔,块体尺度600 mm×660 mm×150 mm,开孔率约30%,块体重量约88 kg。

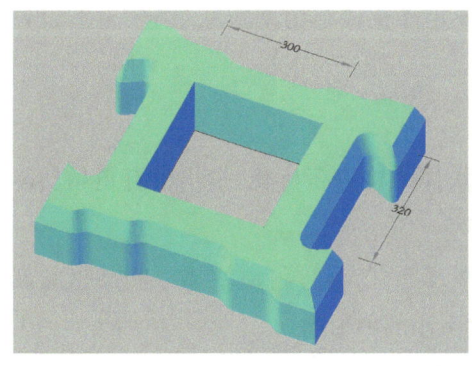

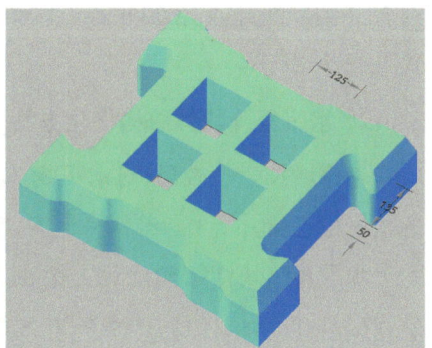

(a) 四叶草优化型式1　　　　　(b) 四叶草优化型式1

图5-23　四叶草结构优化型式(单位:mm)

5.2.3　大三角结构

大三角结构又称三角形生态砖等,护块为边长120 mm的等边三角形,单块重量68 kg,施工时,将4块三角块拼接为一块。大三角结构见图5-24。根据前期设计资料,大三角结构用于C004标段部分膨胀性较强的崩解岩段,以及土质岸坡J2-2标段。根据前期在相关块体生产厂家的调研情况来看,大三角结构三个角的位置在运输和施工过程中易破损,建议慎用。

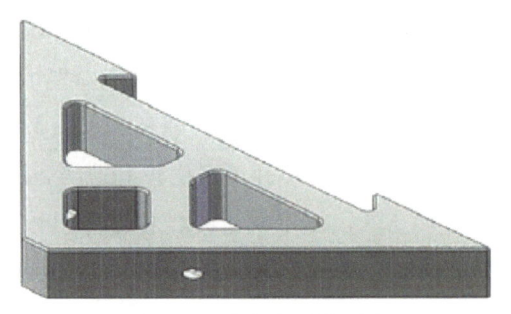

图 5-24　大三角结构型式

5.2.4　水下矩阵块体结构

1) 原水下矩阵块体结构

原水下矩阵预制块体结构型式,块体中间部分为凸出结构。结构尺寸为 640 mm×610 mm×120 mm,重量约 55 kg/块,块体之间串钢绞线连接,内置穿钢绞线孔直径 20 mm。原水下矩阵块体结构型式见图 5-25,铺设方式见图 5-26。

2) 水下矩阵块体结构优化方案

考虑增加生态效果,对水下矩阵块体结构进行优化,提出带有鱼巢功能的水下生态砖。

水下矩阵块体结构优化方案 1,见图 5-27(a),将原块体中间凸出的部分,改为反向凹槽设计,凹槽采用上大下小的梯形槽。

水下矩阵块体结构优化方案 2,见图 5-27(b),将块体设置三条贯通缝,增加生态性的同时,减轻块体重量。

水下矩阵块体结构优化方案 3,见图 5-27(c),将块体设置三条贯通缝,下部设为中空结构,增加生态性的同时,减轻块体重量。

采用上述优化方案后,块体整体厚度不变,主体结构不变,基本不影响工程整体效果。反向凹槽及贯通缝可为鱼虾等动物提供栖息场所,形成带有鱼巢功能的水下结构。结构本身的强度、运输及施工过程中的稳定性由设计单位复核。

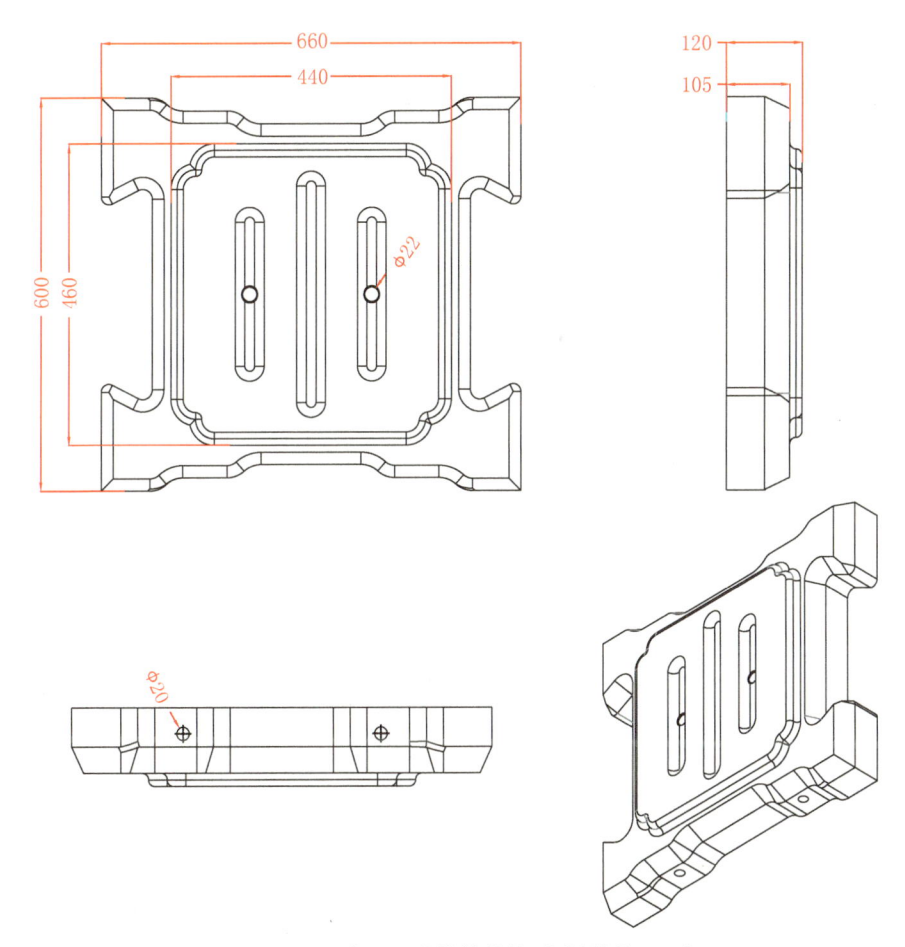

图 5-25　原水下矩阵块体结构型式(单位:mm)

图 5-26　原水下矩阵块体结构型式铺设方式

另外，如果结构串钢绞线，需要注意，钢绞线在水下矩阵沉放坡面后，应该有所松动，否则如果绷得太紧，水下矩阵和坡面贴合就不紧密，基础若有一定变形，易导致混凝土块体受力损坏。建议施工过程中在串钢绞线时，要串松一些，以保证水下矩阵沉放后，钢绞线呈松动状态。

(a) 水下矩阵块体结构 优化方案1　　(b) 水下矩阵块体结构 优化方案2　　(c) 水下矩阵块体结构 优化方案3

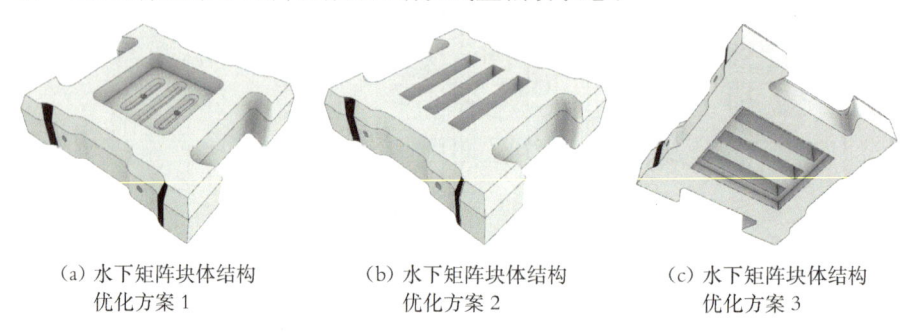

图 5-27　优化后的水下矩阵块体结构型式

3) 水下矩阵块体优化结构现场试验

东淝河 J10-2 标水下排体采用了水下矩阵块体结构优化方案 2，排体长 500 mm、宽 560 mm、厚 120 mm，重 60 kg，并采用铺排船施工开展了水下预制块铺设现场试验。施工时铺排船甲板上展铺排布，在排布上编排预制块单体，通过绑扎使其牢固地固定在排布上，形成整体的软排体，通过铺排船将其铺设到指定的水下岸坡位置，形成一种平顺柔性的护岸形式。

（1）水下铺排船

两艘铺排船（见图 5-28）分别位于一工区和四工区，作为水下预制块的铺排施工船只。铺排船甲板宽度 6 m，滑板宽度 3 m，长度 15 m，船吊起重能

图 5-28　水下铺排船

力约 3 t,吃水深度为 0.8 m,目前水位高程为 18.7 m,未载重甲板高程为 20.2 m,载重后甲板高程为 19.4 m。

(2) 施工工艺及流程

施工工艺流程:测量定位→坡面整修→船只定位→排布展铺→预制块运输及吊运→水下预制块编排→水下预制块排头埋设固定→松开压排梁→下放滑板→观测沉排轨迹、校正船位→卷扬机逐步沉排到位→水上部位整修→外观检查验收。水下预制块铺排示意图见图 5-29。

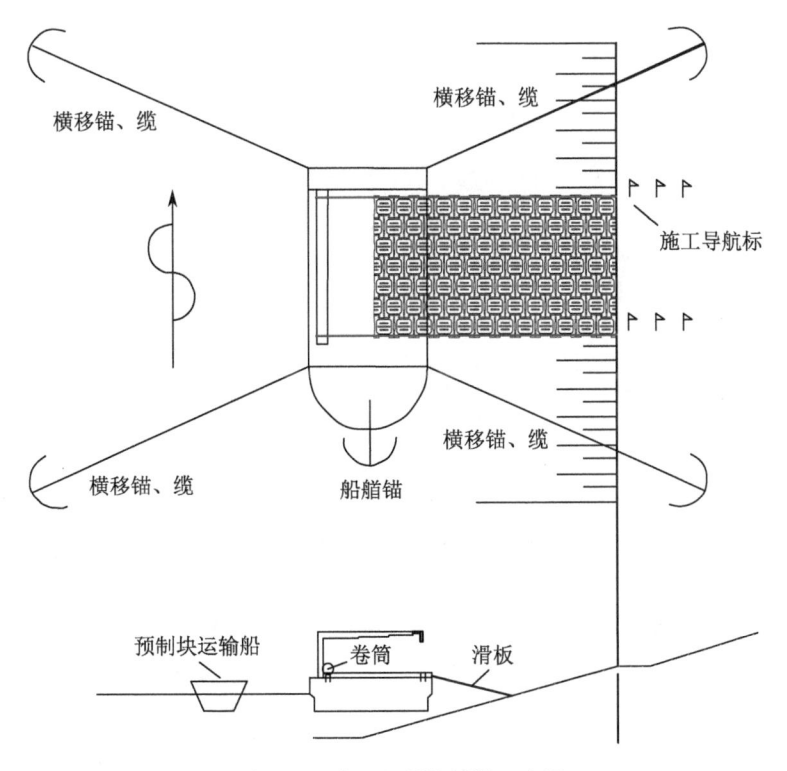

图 5-29 水下预制块铺排示意图

(3) 现场试验效果

开展了平铺及咬合两种块体铺排方式现场试验,经对比发现,咬合方式块体破损率高于平铺方式,平铺方式的平整度也优于咬合方式。水下预制块铺排现场试验图见图 5-30。

图 5-30　水下预制块铺排现场试验图

5.3　典型航段边坡优化方案

对预制块体相关的前期设计资料进行梳理,形成了典型断面边坡优化方案(如附图 1 所示),有效支撑了施工图设计阶段的方案优化。

第六章

边坡防护新材料的应用研究

本章研究了水土保持毯、三维加筋垫、植被草毯等新型材料用于边坡防护的适用性,并采用物理模型试验对其适用性进行试验论证。

6.1 试验设计

本试验针对三种典型的岸坡防护材料(水土保持毯、植被草毯、三维加筋垫)开展了水槽试验。首先在裸土条件下进行了清水冲刷试验,然后对三种岸坡防护材料开展了侵蚀试验。试验的目的是评估三种岸坡防护材料在可侵蚀床面条件下的有效性,并定量地确定每种岸坡防护材料在不同水动力条件下的失效点(如有)。

6.1.1 试验材料

选用三种典型的岸坡防护材料进行试验,分别为水土保持毯(17 mm 厚的未加筋三维网垫)、三维加筋垫(12 mm 厚的加筋合成纤维垫)和植被草毯(10 mm 厚的编织植物草垫)。三种防护材料的具体参数如下所述。

1) 水土保持毯

引江济淮采用的水土保持毯为 Enkamat 水土保持毯。Enkamat 水土保持毯是一种抗侵蚀、防水土流失的坡面防护产品。它是一种开孔的三维网垫,由聚酰胺纤维单丝制成,孔隙率超过 95%,如图 6-1 所示。Enkamat 水土保持毯为植被提供人工加筋,为边坡提供永久性防护并成为植被生长的载体。Enkamat水土保持毯通过锚固系统固定,包括坡顶锚固系统和坡面锚固钉。Enkamat水土保持毯技术指标见表6-1。

图 6-1 Enkamat 水土保持毯

表 6-1 Enkamat 水土保持毯技术指标

项 目	单位	检测依据	数值	允许差值	材质
三维聚合物核心层		FZ/T01057.1~FZ/T01057.4-2007			酰胺
形状结构			底部为平面,上部为三维网状开放结构		
孔隙率	%		≥95%		
聚合物密度	kg/m³	ASTM D792	1140	±50	
单位面积克重	g/m²	EN ISO 9864	400	±40	
厚度	mm	GB/T 18744 2002	17	±3	
抗拉强度(横向)	kN/m	ENISO 10319	2.2	±0.6	
抗拉强度(纵向)	kN/m	ENISO 10319	2.0	±0.6	
断裂伸长率(横向)		ENISO 10319	≥40%		
断裂伸长率(纵向)		ENISO 10319	≥80%		
宽幅	m		≥3.8		
氙弧灯老化后强度保持率(横向)(500 h)		ASTM D4355	≥93%		
氙弧灯老化后强度保持率(纵向)(500 h)		ASTM D4355	≥93%		
抗水流冲刷	m/s		≥5		

2）三维加筋垫

三维加筋垫为三维高强土工复合材料,采用镀高尔凡(5%铝-锌合金+稀土元素,满足 EN10244—2,CLASS 标准)防腐,优于 EN10223—3 标准,如图 6-2 所示。三维加筋垫的具体参数指标如表 6-2 所示。

图 6-2 三维加筋垫材料

表 6-2 三维加筋垫护垫技术参数表

Ⅰ 聚合物指标	
聚合物	聚丙烯
单位面积的质量及公差(g/m²)	600±60
熔点(℃)	150
密度(kg/m³)	900
抗 UV 性	稳定
Ⅱ 加筋性能	
类型	镀高尔凡六边形双绞合钢丝网
网孔型号(cm)	8×10
钢丝直径(mm)	2.0
镀层量(g/m²)	215

(续表)

Ⅲ 力学特征	
加筋网面强度(长度)(kN/m)	26
聚合物剥离强度(N/cm)	3
Ⅳ 物理特征	
单位面积的质量及公差(g/m²)	1370±200
空隙指数(%)	>90
名义厚度(2 kPa)mm	12
土工垫颜色	默认为黑色(另:绿色或棕色供选择)
长度/卷(m)	25(0/+1%)
宽度/卷(m)	2.0(±5%)
面积/卷(m²)	50

3) 植被草毯

植被草毯是利用稻草、麦秸等为原料,在载体层添加草、灌、花种子、保水剂、营养土等生产而成。根据使用需要可以采用两种结构形式,一种结构分上网、植物纤维层、种子层、木浆纸层、下网五层;另一种结构分上网、植物纤维层、下网三层。

植物纤维层全部采用纯天然材料椰子纤维通过冲压针刺加工做成,呈长方体网孔状结构,植被草毯厚度为8~10 mm,纤维粗细适中(纤维直径为0.3~0.8 mm)、长度范围合理(纤维长度为10~20 cm)。可根据需要加以肥料、营养剂、保水剂、各类草种等。植被草毯实物图见图6-3。

图 6-3 植被草毯实物图

6.1.2 试验水槽

试验水槽采用三角形断面,水槽总长为 24 m,宽度为 1.5 m,内高为 0.5 m。水槽一侧为直立墙,另一侧为坡度为 1∶3 的边坡。水槽进口段 6 m 长区域为试验段,为提高水流流速,对水槽入口和出口进行了改造,并在试验段的水槽底部铺设了坡度为 0.05 的底坡以提高试验水流流速。

在开展试验前,在试验段水槽的 1∶3 边坡上铺设土壤并压实找平。将试验用的岸坡防护材料分块放置在土壤上部。每块材料长度为 1.3 m,从试验段水槽末端出口沿着上游方向铺设 5 块,上游的材料搭接在下游已铺设的材料上,并在材料两侧的搭接处、坡顶与坡脚处以及材料垫中心位置打入"U"形钢钉固定,即每块材料垫打入 9 个"U"形钢钉进行固定,如图 6-4 至图 6-6 所示。

图 6-4 水槽内铺设岸坡防护材料试验图

图 6-5 试验水槽布置示意图

图 6-6 "U"形钢钉

6.1.3 试验工况

本次试验考虑岸坡防护材料铺设时的坡面水流流速以及材料的淹没程度,考虑两种流量和两种水位的组合条件对不铺设防护材料的裸土岸坡以及铺设三种岸坡防护材料(水土保持毯、植被草毯、三维加筋垫)的岸坡进行冲刷试验,因此本次试验分为裸土冲刷试验与岸坡防护材料侵蚀试验,如图 6-7 所示。采用的两种流量分别为 300 m³/h(下文称为小流量条件)和

(a) 水土保持毯侵蚀试验

(b) 植被草毯侵蚀试验

(c) 三维加筋垫侵蚀试验

图 6-7 三类岸坡防护材料侵蚀试验

1000 m³/h(下文称为大流量条件);水位控制断面为试验段末端,两种水位分别为 33.67 cm(下文称为低水位条件)和 45.76 cm(下文称为高水位条件)。本次试验共计 16 组工况,如表 6-3 所示。

表 6-3　岸坡防护材料侵蚀试验工况列表

工况编号(#)	试验岸坡材料	流量条件	水位条件
1	裸土	小流量	低水位
2	裸土	小流量	高水位
3	裸土	大流量	低水位
4	裸土	大流量	高水位
5	水土保持毯	小流量	低水位
6	水土保持毯	小流量	高水位
7	水土保持毯	大流量	低水位
8	水土保持毯	大流量	高水位
9	植被草毯	小流量	低水位
10	植被草毯	小流量	高水位
11	植被草毯	大流量	低水位
12	植被草毯	大流量	高水位
13	三维加筋垫	小流量	低水位
14	三维加筋垫	小流量	高水位
15	三维加筋垫	大流量	低水位
16	三维加筋垫	大流量	高水位

6.1.4　试验内容

1) 试验材料安装

在试验水槽一侧的 1∶3 岸坡上铺设 4 cm 厚的土壤并紧密压实。在如表 6-3 所示的防护材料侵蚀试验(水土保持毯、植被草毯、三维加筋垫)中从下游往上依次在土壤上铺设 5 段岸坡防护材料垫,每段材料长 1.3 m,后铺的材料垫搭接在相邻的已铺设的材料垫上,并在材料垫的搭接处、坡顶与坡脚处以及材料垫中心位置打入长 4 cm 的"U"形钢钉固定。

2）试验步骤

在裸土试验中，在水槽一侧的 1∶3 岸坡上铺设 4 cm 厚度的土壤并紧密压实，通过电磁流量计控制水流流量，水位通过水槽末端尾门手动控制。在防护材料侵蚀试验中，将三种岸坡防护材料分块铺在已紧密压实的 4 cm 厚的土壤上，并用"U"形钢钉锚固。放水之后，首先测量坡面上的水流流速。

裸土与岸坡防护材料的冲刷时间均为 40 h，若岸坡防护材料在中途发生破坏，导致岸坡表面大面积暴露于流动水体中，则记录该现象发生的时间点。在冲刷完毕后移开岸坡材料，对冲刷后的土壤厚度进行测量。

3）试验数据采集

本次试验在不同工况条件下测量了以下数据：

（1）侵蚀深度

在裸土冲刷试验中改变流量与水位条件，冲刷满 40 h 后按照图 6-8 所示的坡面高程测量点位置对冲刷后的坡面高程进行测量。在防护材料侵蚀试验中改变流量与水位条件，同样冲刷满 40 h 后，对冲刷后的坡面高程进行测量。

（2）材料失效时间

在防护材料侵蚀试验中，对于水土保持毯、植被草毯和三维加筋垫三种岸坡防护材料，改变流量与水位条件对其进行清水冲刷，若在 40 h 内出现材料破坏的现象（如材料撕裂、"U"形钢钉弹出、材料漂浮等），则记录该现象出现的时间点。

（3）平均流速

在裸土冲刷试验与防护材料侵蚀试验中，视试验工况的水位高低，采用便携式流速仪对各测点上的平均流速进行测量。

本次裸土冲刷试验与防护材料侵蚀试验中坡面高程测量点位置分布如图 6-8 所示，沿着坡面横向与纵向共计 63 个测点。试验中考虑侵蚀后岸坡坡脚处附近高程变化幅度较大，在该区域内对测点进行了一定程度的加密。

本次裸土冲刷试验与防护材料侵蚀试验中坡面平均流速测量考虑试验中的水位高低变化，在不同水位条件下的流速测点位置分布有所区别。低水

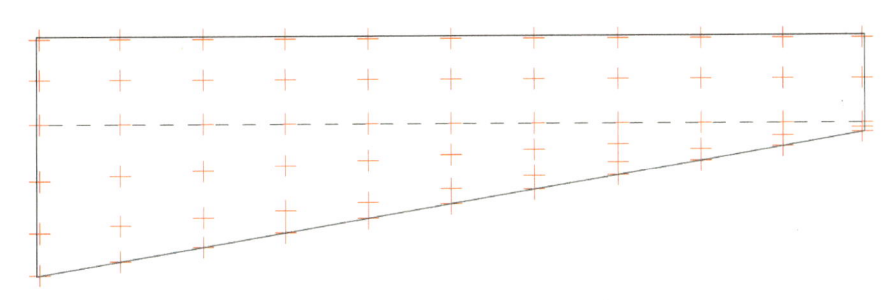

图 6-8 坡面高程测量点位置示意图

位条件下的坡面平均流速测点共计 31 个,如图 6-9(a)所示;高水位条件下的坡面平均流速测点共计 33 个,如图 6-9(b)所示。

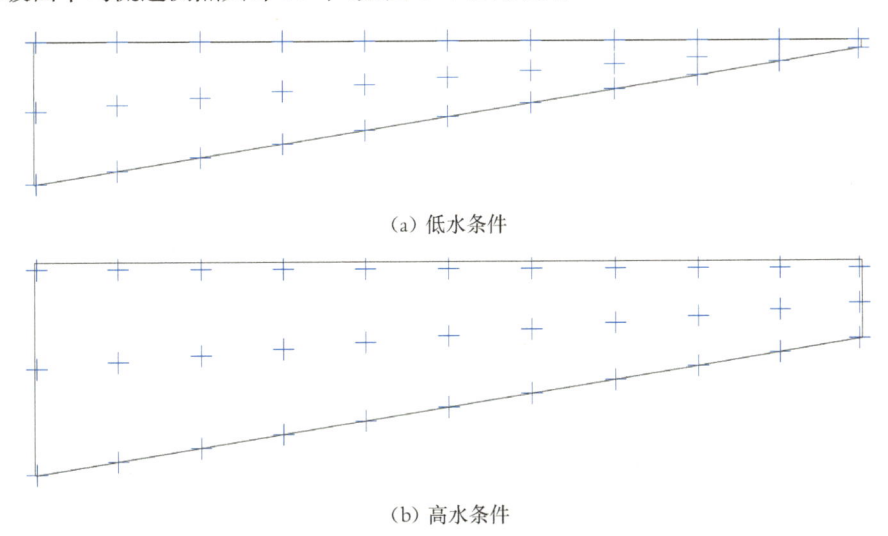

(a) 低水条件

(b) 高水条件

图 6-9 坡面平均流速测量点位置示意图

6.2 试验结果分析

6.2.1 材料的失效类型及条件

1) 材料失效

当岸坡防护材料发生机械损坏时,会导致土壤表面直接与水接触,这种情况被确定为"材料失效",表示防护材料的机械损坏导致其失去了对岸坡的防护作用。

2）性能失效

岸坡上铺设的土体在冲刷 40 h 后，剩余土体的体积小于原来的一半，即侵蚀土体体积的百分比超过了 50%，这种情况被确定为"性能失效"。这种概念的提出可以将材料性能失效标准与岸坡土体允许的最大侵蚀程度相关联，并非基于某个测量点的确定，该定义能够最大程度地降低试验条件的不稳定性对试验测量与分析结果的影响。

3）不失效

当水流冲刷时间达到最大持续时间 40 h 时，防护材料不发生材料失效，且移开岸坡防护材料对土体的侵蚀程度进行测量计算后也没有发生性能失效，该情况被定义为"不失效"。

6.2.2 试验数据分析

根据本次研究对材料失效类型的定义：当岸坡防护材料发生了机械损坏时为"材料失效"，当冲刷过程结束后侵蚀土体的体积百分比超过了 50% 为"性能失效"。对不同工况条件下的岸坡坡面侵蚀参数、平均流速以及失效类型与失效时间进行统计，统计结果如表 6-4～表 6-7 所示。在试验过程中，岸坡防护材料一旦出现材料失效就不考虑该材料性能失效，即使冲刷 40 h 结束后侵蚀土体体积百分比超过 50%。

裸土冲刷试验中不同水流条件下的岸坡初始土体体积 V_0、剩余土体体积 V_1、侵蚀土体体积 ΔV、侵蚀土体体积 ΔV 百分比以及坡面平均流速 U 的统计情况如表 6-4 所示。

表 6-4 裸土条件下坡面侵蚀、坡面平均流速与材料失效情况统计表

水流条件	裸土条件							
	V_0(cm³)	V_1(cm³)	ΔV(cm³)	ΔV 百分比(%)	U(m/s)	失效类型	失效时间(h)
小流量低水位	283 200	199 830.018	83 369.982	29.439	0.589	无	—
小流量高水位	283 200	88 135.198	195 064.802	68.879	0.052	无	—
大流量低水位	283 200	164 750.662	118 449.338	41.825	1.907	无	—

(续表)

水流条件	裸土条件					
	V_0(cm³)	V_1(cm³)	ΔV(cm³)	ΔV百分比(%)	U(m/s)	失效类型	失效时间(h)
大流量高水位	283 200	64 800.086	218 399.914	77.119	1.205	无	—

试验岸坡铺设水土保持毯时,不同水流条件下坡面侵蚀参数 V_0、V_1、ΔV、ΔV 百分比、U 以及失效情况如表 6-5 所示。统计结果表明,在小流量高水位条件下,冲刷持续 40 h 后,水土保持毯出现了性能失效;在大流量低水位和大流量高水位条件下均出现了材料失效,失效时间分别为 3.5 h 和 6.75 h,对应的失效流速分别为 1.687 m/s 和 0.954 m/s。

表 6-5　试验铺设水土保持毯条件下坡面侵蚀、坡面平均流速与材料失效情况统计表

水流条件	水土保持毯						
	V_0(cm³)	V_1(cm³)	ΔV(cm³)	ΔV百分比(%)	U(m/s)	失效类型	失效时间(h)
小流量低水位	283 200	215 208.183	67 991.817	24.008	0.372	无	—
小流量高水位	283 200	107 131.476	176 068.524	62.171	0.045	性能失效	40
大流量低水位	283 200	165 816.087	117 383.913	41.449	1.687	材料失效	3.5
大流量高水位	283 200	85 249.435	197 950.565	69.898	0.954	材料失效	6.75

试验岸坡铺设植被草毯时,不同水流条件下坡面侵蚀参数 V_0、V_1、ΔV、ΔV 百分比、U 以及失效情况如表 6-6 所示。统计结果表明,在小流量高水位条件下,冲刷持续 40 h 后,植被草毯出现了性能失效;在大流量低水位和大流量高水位条件下均出现了材料失效,失效时间分别为 2 h 和 4.25 h,对应的失效流速分别为 1.724 m/s 和 0.927 m/s。

表 6-6　试验铺设植被草毯条件下坡面侵蚀、坡面平均流速与材料失效情况统计表

水流条件	植被草毯						
	V_0(cm³)	V_1(cm³)	ΔV(cm³)	ΔV百分比(%)	U(m/s)	失效类型	失效时间(h)
小流量低水位	283 200	218 393.583	64 806.417	22.884	0.472	无	—
小流量高水位	283 200	108 167.310	175 032.690	61.805	0.045	性能失效	40
大流量低水位	283 200	165 817.950	117 382.050	41.448	1.724	材料失效	2
大流量高水位	283 200	82 563.875	200 636.125	70.846	0.927	材料失效	4.25

试验岸坡铺设三维加筋垫时，不同水流条件下坡面侵蚀参数 V_0、V_1、ΔV、ΔV 百分比、U 以及失效情况如表 6-7 所示。统计结果表明，在小流量高水位条件下，冲刷持续 40 h 后，三维加筋垫出现了性能失效；在大流量低水位条件下出现了材料失效，失效时间为 8.5 h，对应的失效流速为 1.690 m/s；在大流量高水位条件下再次出现了材料的性能失效现象。

表 6-7 试验铺设三维加筋垫条件下坡面侵蚀、坡面平均流速与材料失效情况统计表

水流条件	三维加筋垫						
	V_0(cm³)	V_1(cm³)	ΔV(cm³)	ΔV 百分比(%)	U(m/s)	失效类型	失效时间(h)
小流量低水位	283 200	221 300.331	61 899.669	21.857	0.459	无	—
小流量高水位	283 200	115 427.795	167 772.205	59.242	0.038	性能失效	40
大流量低水位	283 200	168 927.583	114 272.417	40.350	1.690	材料失效	8.5
大流量高水位	283 200	89 629.392	193 570.608	68.351	0.874	性能失效	40

分析岸坡防护材料性能失效的统计结果可以发现，在四种工况下出现了材料的性能失效现象，分别为小流量高水位条件下的水土保持毯、植被草毯、三维加筋垫以及大流量高水位条件下的三维加筋垫，而在所有低水工况条件下均未出现材料的性能失效现象，如图 6-10 所示。以上分析表明，试验中采用的三种岸坡防护材料的性能失效主要出现在高水位条件下，且流量越大，

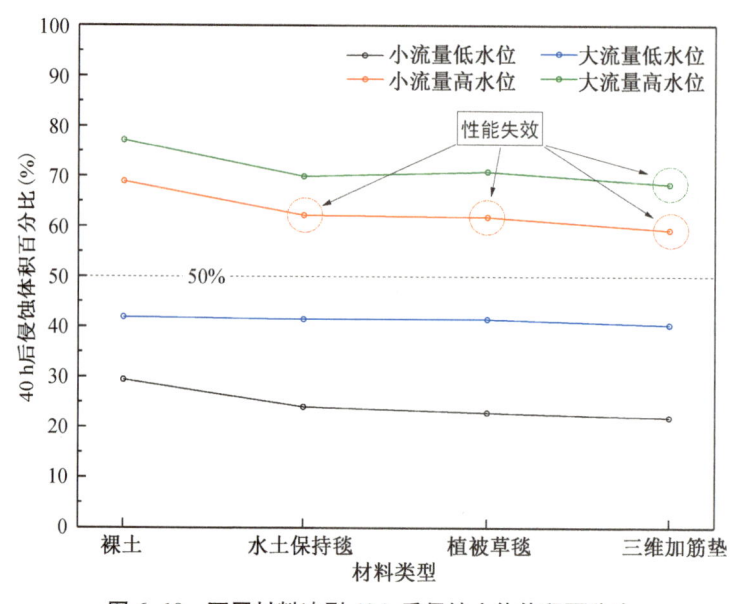

图 6-10 不同材料冲刷 40 h 后侵蚀土体体积百分比

不同材料性能失效的可能性也越大。由图 6-10 还可以发现,尽管在小流量高水位条件下本次试验所采用的三种岸坡防护材料均出现了性能失效,即在 40 h 冲刷结束后的土体侵蚀体积均大于 50%,但不同材料的侵蚀体积百分比略有差别。在小流量高水位条件下,水土保持毯与植被草毯的侵蚀体积百分比较为接近,而三维加筋垫的侵蚀体积百分比较上述二者偏小,表明了三维加筋垫的保土效果优于水土保持毯与植被草毯。

分析岸坡防护材料失效的统计结果可以发现,水土保持毯出现了两次材料失效情况,失效流速分别为 1.687 m/s 与 0.954 m/s,对应的水流条件分别为大流量低水位与大流量高水位;植被草毯也出现了两次材料失效情况,失效流速分别为 1.724 m/s 与 0.927 m/s,对应的水流条件也分别为大流量低水位与大流量高水位;三维加筋垫出现了一次材料失效情况,失效流速为 1.690 m/s,对应的水流条件为大流量低水位。以上分析结果表明,试验中采用的三种岸坡防护材料的材料失效主要出现在大流量条件下,且水位越低材料出现材料失效的可能性也越大。考虑到材料失效与极限抗冲流速直接相关,极限抗冲流速越低则越容易材料失效,因此对于水土保持毯,该材料的极限抗冲流速取 1.687 m/s 与 0.954 m/s 中的较小值 0.954 m/s;对于植被草毯,该材料的极限抗冲流速取 1.724 m/s 与 0.927 m/s 中的较小值 0.927 m/s;三维加筋垫的极限抗冲流速取大流量低水位条件下的失效流速 1.690 m/s。本次试验中,不同岸坡防护材料的失效时间与极限抗冲流速值如图 6-11 所示。由该图可以发现,尽管植被草

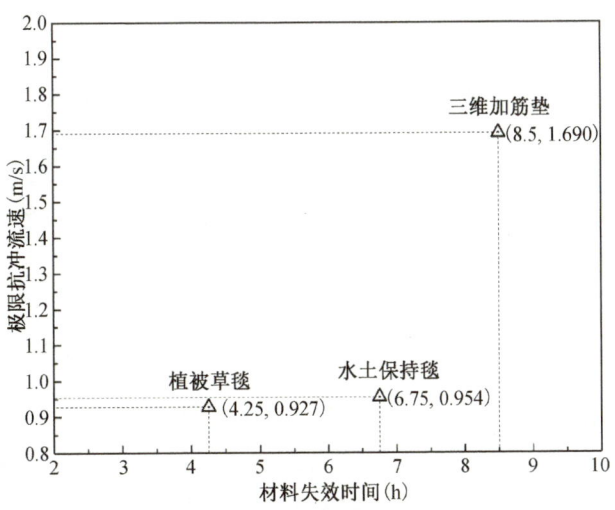

图 6-11 不同岸坡防护材料失效时间与极限抗冲流速之间的关系

毯与水土保持毯的极限抗冲流速较为接近,但水土保持毯的失效时间比植被草毯的失效时间大 58.82%,因此在保土性能上水土保持毯优于植被草毯。

分析表 6-5~表 6-7 中对岸坡防护材料失效类型的统计结果还可以发现,在四种流量与水位条件下,水土保持毯与植被草毯均出现了一次性能失效现象,两次材料失效现象;三维加筋垫出现了两次性能失效现象,一次材料失效现象。以上分析结果表明,在不同水流条件下的岸坡防护材料失效情况中,水土保持毯与植被草毯以材料失效为主,而三维加筋垫则以性能失效为主。

6.3 试验结论

(1) 在裸土冲刷试验与岸坡防护材料侵蚀试验中,试验段入口与岸坡坡脚处的土体侵蚀程度较大,淘刷现象较为明显,如图 6-12 所示。这主要是因为水流进入试验段后床面地形与床面粗糙度变化较大所致,二者相互结合导致出现了强度较大的局部湍流。为最大限度地降低试验段入口与岸坡坡脚处的土体侵蚀,建议开展此类试验时在进口段接头处设置锚固槽,将材料垫小心地固定在进口段,并在坡脚处对岸坡防护材料垫进行进一步加固。

图 6-12　试验段进口处的土体侵蚀情况

（2）三种岸坡防护材料的性能失效主要出现在高水位条件下，且流量越大不同材料性能失效的可能性也越大；材料失效则主要出现在大流量条件下，且水位越低材料出现材料失效的可能性越大。因此，本次岸坡防护材料侵蚀试验中材料出现的失效情况按照水流条件可以分为两类：高水位条件下的性能失效、大流量条件下的材料失效。

（3）三种岸坡防护材料在不同水流条件下出现材料失效与性能失效的概率不同。非加筋材料（水土保持毯、植被草毯）的失效情况以材料失效为主，加筋材料（三维加筋垫）的失效情况则以性能失效为主。

（4）在小流量高水位条件下，三种岸坡防护材料均出现了性能失效的情况，但是加筋材料的土体侵蚀体积百分比较非加筋材料小，表明加筋材料的保土效果优于非加筋材料。

（5）本次试验中，三维加筋垫的极限抗冲流速为 1.690 m/s，植被草毯的极限抗冲流速为 0.927 m/s，水土保持毯的极限抗冲流速为 0.954 m/s。尽管两种非加筋材料的极限抗冲流速较为接近，但水土保持毯的失效时间比植被草毯的失效时间大，表明水土保持毯的保土效果优于植被草毯。

（6）材料失效情况分析：

① 对于不加筋的水土保持毯，当 $U = 0.954$ m/s 时发生材料失效，失效过程以"U"形钢钉弹出、材料撕裂与掀起为主，如图 6-13 所示。

(a)   (b)   (c)

图 6-13 水土保持毯材料破坏情况

② 对于不加筋的植被草毯，当 $U = 0.927$ m/s 时发生材料失效，失效过程以"U"形钢钉弹出、材料漂浮为主，如图 6-14 所示。

③ 对于三维加筋垫，当 $U = 1.690$ m/s 时发生材料失效，失效过程以"U"形钢钉弹出、材料撕裂与掀起为主，与水土保持毯的失效过程相同。

(a)   (b)

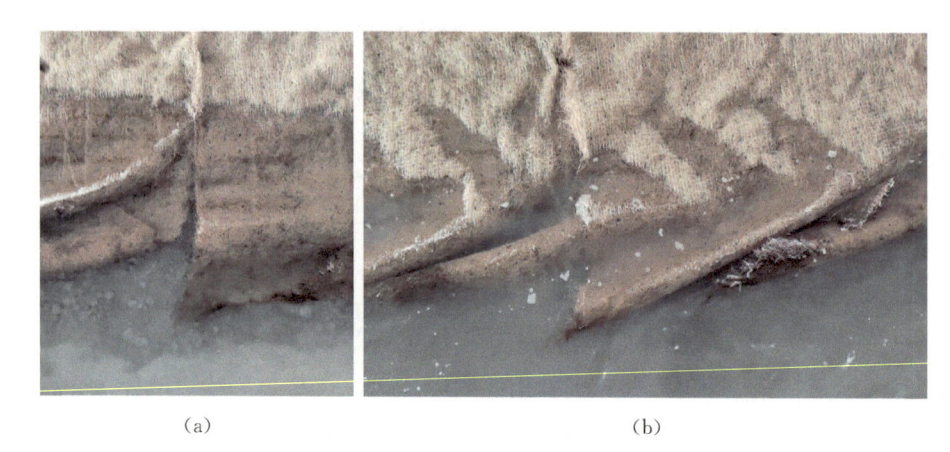

图 6-14　植被草毯材料破坏情况

（7）性能失效情况分析：

① 裸土冲刷试验中，土体受水流直冲，土体侵蚀程度较大。坡面上的土体一般顺着水流流线方向开始侵蚀，土体侵蚀剖面形状较为规则，如图 6-15 所示。

图 6-15　裸土条件下土体侵蚀情况

② 岸坡防护材料侵蚀试验中，由于坡脚处流态复杂、水流紊动强度大，固定坡脚处的"U"形钢钉往往会最先弹出，如图 6-16 所示。土体侵蚀也从材料与土壤之间初始接触的点处开始发展，以点带面逐渐扇形扩散到更大的区域，如图 6-17 所示。

第六章　边坡防护新材料的应用研究

图 6-16　坡脚处的"U"形钢钉弹出、坡脚处土体开始被侵蚀

图 6-17　土体侵蚀过程:从坡脚处逐渐成扇形发展至上方区域

第七章

植被选型和生态景观提升措施研究

植物配置选型和生态景观提升措施，主要从岸坡适生植物种类、种植形式选择和景观多样性提升的角度开展工作。调查分析了工程所在区域乡土植被及适生种类，分析植物习性特征及应用特点，为工程整体植被营造和生态建设提供支撑。同时根据工程具体边坡类型分类，提出适应的植物种植形式和适生种类，综合生态与人文需求，结合工程特点，提出提升景观多样性的措施。

7.1 工程区植物种植分区

引江济淮工程沿线经过北亚热带气候区以及暖温带气候区，由北向南呈现出明显的由暖温带向北亚热带过渡的气候特征。本项目植物种植分区（表7-1）考虑以长江与淮河之间的江淮分水岭为脊。植物选择以耐旱性与抗瘠薄性为主要选择标准；面对从北到南逐步升高的气温和降水，在进行植物选种时由北向南逐渐增加常绿植物，并搭配开花植物以增加景观变化，满足城乡不同需求；此外，根据具体渠段的设计需求与实际情况，依据水位竖向变化特点，有针对性地对设计洪水位以下的植物种植区域（包括水位变动区与水下区）提出植物种植建议，其中在水位变动区段偏向于选取具有耐水性的植物，水下区段则侧重于选取水生植物。

表 7-1 引江济淮工程植物种植条件分区表

位置	江淮分水岭南					江淮分水岭北					
气候	亚热带湿润季风气候					暖温带半湿润季风气候					
水位	设计防洪水位以上										
乡野/城区	乡野			城区			城区			乡野		
工程结构类型	生态块体	格式预制块	生态毯	生态块体	格式预制块	生态毯	生态块体	格式预制块	生态毯	生态块体	格式预制块	生态毯

7.2 工程区立地类型

通过梳理工程区现有设计资料，综合竖向水位条件、岸坡基质环境及岸坡结构设计方案，将引江济淮岸坡工程划分为11种植被立地类型，如表7-2所示。

表 7-2 引江济淮工程植被立地类型划分

编号	土壤基质	护坡位置	工程结构
LD01	换填水泥改性土	边坡（设计洪水位以上）	生态毯+耕植土 100 mm
LD02			格式护坡+耕植土 300 mm
LD03			预制块体结构+土工布+砂石层
LD04		平台	预制块体结构+砂石层
LD05	换填黏土	边坡（设计洪水位以上）	格式护坡+耕植土 300 mm
LD06			预制块体结构
LD07	无	边坡（设计洪水位以上）	生态毯+耕植土 100 mm
LD08			格式护坡+耕植土 300 mm
LD09			预制块体结构+土工布+砂石层
LD10		边坡、平台、滩地（常水位—设计洪水位之间）	边坡:预制块体结构(+土工布)+砂石层;平台、滩地:草皮或现状
LD11		边坡、平台（设计洪水位以上）	草皮

7.3 工程区适生植物认识

通过对工程所在地区适生植被资料的梳理、工程区及其周边植物现状调查，结合本工程植物种植主要考虑的因素，筛选构建工程区适生植物"基础资料库"（表7-3）；同时，综合相关案例及植物配置经验，形成本工程护坡植物种植的认识。

（1）工程区边坡由于护坡结构限制和工程稳定性需求，造成边坡土层瘠薄、孔隙率低、养护管理难度大等问题，对于植物生长而言属于极端生境。考虑到资源节约型的边坡景观构建，对于边坡植物的选择应当以耐干旱、耐瘠薄、根系发达、覆盖度好、易于成活、便于管理、兼顾景观效果的适生草本或低矮木本植物为主。

（2）护坡植物的生长势及后期景观效果，不仅受到护坡型式及其护坡结构下的土壤水文条件的直接影响，而且与后期养护管理情况密切相关。加强人工养护管理，通过人为适度干预引导植物群落发展，是实现边坡景观多样性和长期稳定的关键。规整式的护坡植物景观效果更要求精细化的后期养管维护。

（3）边坡设计种植草本植物普遍面临被大量野生草本入侵的现状。以豆科和菊科植物为优势种的野生草本在边坡上更易形成长势良好的植被群落。"入侵"的乡土草本植物，是自然演替的正常结果。乡土野生草本植物相比边坡设计植物，不仅生长势旺盛、植株抗性耐性强，而且以豆科植物为典型的野生草本在固土护坡的基础上能够有效改良土壤，成为边坡早期固土绿化良好的先锋植物。此外，乡土草本营造的边坡生境景观能够体现四季枯荣变化，不同于草坪草种植形成的规则式人工景观，能给人以自然野趣的审美体验。

（4）基于工程试验段的种植试验，发现狗牙根，尤其是茎植狗牙根适应工程区的环境条件，但长期维持稳定均一的草坪效果，需要精细化的管理投入。自然力驱动下的自生植物是实现边坡植被修复、物种多样性及景观多样性的重要资源，然而自生植物中的入侵植物，对于边坡自身的生态稳定性及整个工程沿线的生物多样性都存在隐患。在前期建植和后期的养护管理中，要科学地对待不同种类的自生植物。

表 7-3　工程区适生植物种类总结

编号	拉丁名	植物名	类型		特点	资料来源
1	*Pinus massoniana*	马尾松	乔木	常绿	有经济价值	环评报告
2	*Pinus thunbergii*	黑松	乔木	常绿	优质园林植物	环评报告
3	*Cinnamomum camphora*	樟树	乔木	常绿	优质园林植物	环评报告
4	*Cyclobalanopsis glauca*	青冈栎	乔木	常绿	优质园林植物	环评报告
5	*Quercus acutissima*	麻栎	乔木	落叶	寿命长;不耐移植	环评报告
6	*Dalbergia hupeana*	黄檀	乔木	落叶	优质园林植物	环评报告
7	*Pterocarya stenoptera*	枫杨	乔木	落叶	不耐长期积水	环评报告
8	*Robinia pseudoacacia*	刺槐	乔木	落叶	不耐水湿	环评报告
9	*Taxodium ascendens*	池杉	乔木	落叶	优质园林植物	环评报告
10	*Quercus variabilis*	栓皮栎	乔木	落叶	根系发达,适应性强	环评报告
11	*Salix babylonica*	垂柳	乔木	落叶	耐水湿	环评报告
12	*Firmiana platanifolia*	梧桐	乔木	落叶	优质园林植物;不耐水湿,抗寒性差	环评报告
13	*Koelreuteria paniculata*	栾树	乔木	落叶		现场调研
14	*Mallotus barbatus*	毛桐	乔木	落叶		现场调研
15	*Sapindus mukorossi*	无患子	乔木	落叶		现场调研
16	*Sophora japonica f. pendula*	龙爪槐	乔木	落叶		现场调研
17	*Sapium sebiferum*	乌桕	乔木	落叶		现场调研
18	*Cercis chinensis*	紫荆	乔木	落叶		现场调研
19	*Lagerstroemia indica*	紫薇	乔木	落叶		现场调研
20	*Castanopsis sclerophylla*	苦槠	乔木	常绿	防火	环评报告
21	*Lithocarpus glaber*	石栎	乔木	常绿	有经济价值	环评报告
22	*Albizia kalkora*	山槐	乔木	落叶	适应性强;生长较慢	环评报告
23	*Pyrus spp.*	梨	乔木	落叶	观赏价值高	环评报告
24	*Broussonetia papyrifera*	构树	乔木	落叶	生长快;根系浅	环评报告、现场调研、相关文献整理
25	*Phoebe sheareri*	紫楠	乔木\灌木	常绿	优质园林植物	环评报告
26	*Morus alba*	桑	乔木\灌木	落叶	适应性强,净化空气	环评报告、相关文献整理

(续表)

编号	拉丁名	植物名	类型		特点	资料来源
27	Photinia fraseri	红叶石楠	乔木\灌木	常绿		现场调研
28	Ilex chinensis	冬青	乔木\灌木	常绿	优质园林植物	环评报告
29	Prunus cerasifera	紫叶李	小乔木	落叶		现场调研
30	Loropetalum chinense	檵木	小乔木\灌木	常绿	观赏价值高	环评报告、现场调研
31	Rhus chinensis	盐肤木	小乔木\灌木	落叶	先锋植物,优质园林植物	环评报告
32	Cudrania tricuspidata	柘树	小乔木\灌木	落叶	灌木植被中优势树种	环评报告
33	Ziziphus jujube var. spinosa	酸枣	小乔木\灌木	落叶	不耐水湿	环评报告
34	Ilex cornuta	枸骨	小乔木\灌木	常绿		现场调研
35	Ziziphus jujuba	枣	小乔木\稀灌木	落叶	适应性强,有经济价值;怕风	环评报告
36	Glochidion puberum	算盘子	灌木	常绿	有经济价值	环评报告
37	Lycium chinense	枸杞	灌木	落叶	适应性强	环评报告
38	Rosa multiflora	野蔷薇	灌木	落叶	观赏价值高	环评报告、现场调研
39	Platycladus orientalis 'AureaNana'	洒金千头柏	灌木	常绿		现场调研
40	Sabina vulgaris	沙地柏	灌木	常绿		现场调研、相关文献整理
41	Berberis thunbergii var atropurpurea	紫叶小檗	灌木	常绿		现场调研
42	Cynodon dactylon	狗牙根	草本	陆生	常用护坡植物	环评报告、现场调研
43	Ranunculus japonicus	毛茛	草本	陆生	草花植物;有毒	环评报告、相关文献整理
44	Zoysia sinica	中华结缕草	草本	陆生	常用护坡植物	环评报告、现场调研、相关文献整理
45	Bothriochloa ischaemum	白羊草	草本	陆生	适应性强	环评报告、相关文献整理

(续表)

编号	拉丁名	植物名	类型	特点	资料来源
46	*Themeda japonica*	黄背草	草本	陆生	适应性强,园林观赏草	环评报告
47	*Trifolium repens*	白三叶草	草本	陆生	具有良好的生态和经济价值	现场调研、相关文献整理
48	*Zinnia elegans*	百日菊	草本	陆生	花期长,具有观赏性	现场调研、相关文献整理
49	*Paspalum notatum*	百喜草	草本	陆生		现场调研、相关文献整理
50	*Cosmos bipinnata*	波斯菊	草本	陆生	花期长,具有观赏性	现场调研、相关文献整理
51	*Zephyranthes candida*	葱兰	草本	陆生	具有观赏性	现场调研
52	*Cuphea hookeriana*	萼距花	草本	陆生	具有观赏性	现场调研
53	*Festuca elata*	高羊茅	草本	陆生	优质草坪草	现场调研、相关文献整理
54	*Bidens pilosa*	鬼针草	草本	陆生		现场调研
55	*Lolium perenne*	黑麦草	草本	陆生		现场调研、相关文献整理
56	*Coreopsis drummondii*	金鸡菊	草本	陆生		现场调研、相关文献整理
57	*Arctotis stoechadifolia var. grandis*	蓝目菊	草本	陆生		现场调研、相关文献整理
58	*Miscanthus sinensis* cv.	细叶芒	草本	陆生	观赏性良好	现场调研、相关文献整理
59	*Verbena tenera*	细叶美女樱	草本	陆生	观赏性良好	现场调研、相关文献整理
60	*Euphorbia makinoi*	小叶大戟	草本	陆生		现场调研
61	*Glycine soja*	野大豆	草本	陆生	适应性强,繁殖快;国家二级保护植物	环评报告、现场调研、相关文献整理

(续表)

编号	拉丁名	植物名	类型		特点	资料来源
62	Polygonum orientale Linn.	荭蓼	草本	陆生	优质园林植物	环评报告
63	Typha orientalis	香蒲	草本	水生\沼生	有经济价值	环评报告、现场调研、相关文献整理
64	Phragmites australis	芦苇	草本	水生\湿生		环评报告、现场调研、相关文献整理
65	Triarrhena sacchariflora	荻	草本	湿生\陆生	多用途草类,是优良防沙护坡植物	环评报告
66	Triarrhena lutarioriparia	南荻	草本	湿生\陆生	纤维质优、高产,是有发展前途和值得推广的优良种质资源	环评报告

7.4 植物配置原则、理念

1) 生态理念

（1）因地制宜,适地适树

由于工程河道边坡坡度较陡、覆土较薄、生态砖孔隙率有限,本身属于不适宜植物生长的瘠薄环境。因此,应根据不同工程段的具体区位和具体工程结构,因地制宜地采用不同的植被种类、种植模式、养护管理方式,同时也可以营造出人工式—半自然式—自然式多元变化的边坡景观。

特别需要注意的是,本工程虽然贯穿我国南北气候分界线,但是由于工程长度有限,整个工程区气候由南到北呈小幅度渐变,并不存在日照、降水以及无霜期的突变转折点。因此,南北植物配置的差别和影响主要体现在大型植物即木本(乔木、大型灌木)的种类选取与种植方式层面。

对于草本的选择也应采取"因地制宜""因需而宜"的原则:一方面,以草坪草为代表的冷、暖季型草本植物对于环境要求较高,同时需要人为养护管理的力度更大,因此面对工程区存在的气候渐变问题造成的影响可以忽略;另一方面,以乡土草本为主的草本植物对于工程区段中变化幅度有限的自然气候基本能够保持较强的抵抗力和稳定性。草本植物的选种与配置更应综合生态、工程、经济、景观等多方面要求统筹进行。

(2) 尊重植被自然演替规律

尊重植被的自然演替规律,一方面接受并利用乡土草本为主的杂草在边坡生境建立过程中的作用,另一方面对于边坡绿化采取分类别、分批次、分时节播种、补种,如此有利于植被演替过程的进行,形成稳定的边坡生境。早期以草本植物为主实现防护,如将狗牙根、高羊茅以及豆科、菊科等乡土草本作为先锋草种进行混播;后期以自然形成的当地适生灌草丛为主实现防护,有利于扬长避短,尽早形成当地生物多样性的植物群落结构,并实现快速持久的护坡效果以及良好的景观效果。

(3) 生物多样性原则

自然生态环境中,植物种类越丰富,整体抗性越强,越能够避免病虫害的发生。在边坡修复过程中注重植物种类的多样性,增强不同类型灌木和草本、藤本以及竹类植物的合理搭配,增强整体群落抗性,可保障边坡修复效益的持久性。

2) 安全诉求

(1) 边坡稳定性

边坡绿化的初衷是减少风力、水力等自然条件对于边坡的破坏,防止水土流失,增强护坡稳定性。可利用植被进行固坡护土,减少地表径流。

在草本植物的根系嵌入土壤,对土壤发挥出锚固作用之后,植物根系的横向延伸性生长,令临近植物间相互拉扯,形成更为复杂的根系网络。选用地下部分发达、生长周期较长的草本植物,相当于填充了边坡土壤内部的松动部分。生长周期越长,其根系网络的密度越高,进而形成三维立体的预应力,不断提高边坡土壤的牢固度和稳定性。此外,适当运用藤本植物可借助其强大的攀附性和适应性,实现固土护坡,防止水土流失,但要注意藤本植物在边坡上完全覆盖需要一段时间。因此,前期种植根系发达的先锋草本植物,实现短期内对边坡土壤的固着,在边坡土壤基质缓慢稳固、边坡结构缓慢改善的基础上,进一步引入多样物种,加强边坡稳定,改善边坡生态。

(2) 通航安全性

本工程渠段兼具通航功能。边坡植被的枯枝、落叶以及飞絮、翅果等在河道中不及时清理，一方面可能会增加水体的富营养化，恶化水质，造成一定程度的水污染，引发水环境问题；另一方面水体中的漂浮物、枯落物等阻水障碍物可能会导致流水不畅、行洪受阻，影响航道发挥正常功能。

因此，从工程段整体植被种植的角度来看，植被种植和种类配置应当综合考虑河道通畅和水质改善方面的因素。根据植被种植的不同区位，综合考虑植物配置的种类选择。位于边坡水陆交界处的植被应当结合具体护坡结构类型，在适宜种植的标段选择耐水冲击的湿生植物，减少水位变化对植物生长的影响；在近水面区域，避免、减少种植产生大量飞絮、翅果的植物及落叶量大的植物，减少生长周期内枯枝、落叶、飞絮等对河道产生的不利影响；在平台、背水坡等远离水面的位置，可以适当种植灌木以及小型乔木形成绿化过渡或隔离区域。

(3) 生态安全性

自生植物的出现是渠道边坡不可完全控制的影响因素，在充分利用自然力、挖掘乡土自生植物应用价值的同时，做好具有严重危害性的入侵植物的防控。

3) 经济要求

经济性要求包括两个方面：一方面是进行护坡植物配置时多选用乡土植物种类，乡土植物不仅价格低廉易获得，而且具有良好的抗性和对于当地环境气候的适应性，后期养护管理成本低、难度小；另一方面是指护坡植物可以选择具有一定经济价值的种类种植。

4) 景观特色

在部分河道注重植物搭配，美化河道景观，提高沿岸的环境质量，减少航运从业人员的视觉疲劳；同时可以为周围居民提供一些野趣自然的游憩空间，成为城市和工程项目的标志性景观，产生良好的宣传效果和社会效益。在郊野地区的河道边坡接受自然演替规律，利用乡土草、灌木，形成稳定的适生群落，营造野趣自然的乡土草坡景观，实现工程段人工—半自然—自然式草坡景观。

7.5 植物配置模式

为了实现边坡植被景观的多模式、多种类、多特色,根据河道边坡坡面与平台位置不同,以及边坡土质和工程结构特点,构建了 10 种植物配置模式(图 7-1),结合立地类型,实现对工程区边坡植物有针对性的配置模式,如表 7-4 所示。

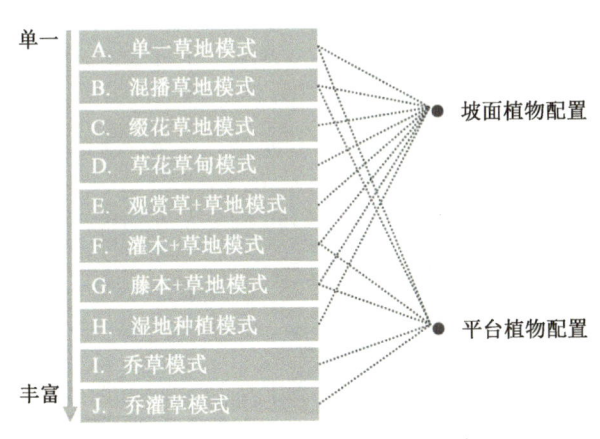

图 7-1 多样的植物配置模式示意

表 7-4 引江济淮工程不同植被立地类型下种植模式

编号	立地类型	特点	A	B	C	D	E	F	G	H	I	J
LD 01	边坡: 改性土+生态毯 (设计洪水位以上)	土层极薄,土壤条件较稳定,生态毯能固着植物并提供一定的营养物质	√	√	√	√	—	—	—	—	—	—
LD 02	边坡: 改性土+格式预制块 (设计洪水位以上)	土层相对较薄,土壤条件较不稳定,护岸边坡对植物稳固生长有一定影响	√	√	√	√	—	√	—	—	—	—
LD 03	边坡: 改性土 +生态联锁块 (设计洪水位以上)	土层较薄,孔隙率低。植物根系可穿过垫层,但缺乏横向沟通,难以扎根	√	—	—	—	—	√	—	—	—	—
LD 04	平台: 改性土 +生态联锁块 (设计洪水位以上)	土层较薄,土壤条件相对稳定,但是孔隙率较小,碎石垫层可使植物扎根	√	—	—	—	—	√	—	—	—	—

(续表)

编号	立地类型	特点	植物种植模式									
			A	B	C	D	E	F	G	H	I	J
LD 05	边坡： 换填黏土 ＋格式预制块 （设计洪水位以上）	土层相对较薄，土壤条件较不稳定，护岸边坡对植物稳固生长有一定影响	√	√	√	√	—	√	—	—	—	—
LD 06	边坡： 换填黏土 ＋生态联锁块 （设计洪水位以上）	土层较薄，孔隙率较低，植物地上地下缺乏横向沟通，不利于植物扎根生存	√	√	—	—	—	√	—	—	—	—
LD 07	边坡： 正常土层＋生态毯 （设计洪水位以上）	生态毯具有一定固土效果	√	√	√	√	—	—	—	—	—	—
LD 08	边坡：正常土层 ＋格式预制块 （设计洪水位以上）	土层相对较薄，但土壤条件相对不稳定	√	√	√	√	—	—	—	—	—	—
LD 09	边坡：正常土层 ＋生态联锁块 （设计洪水位以上）	孔隙度较小，不利于植物横向沟通	√	—	√	—	—	—	—	—	—	—
LD 10	1.边坡：正常土层＋生态联锁块 2.平台、滩地：正常土层＋草皮（设计常水位—洪水位之间）	土壤条件相对稳定，考虑水淹环境下植物种植	—	—	—	—	—	—	—	√	—	—
LD 11	边坡、平台：正常土层＋草皮 （设计洪水位以上）	自然条件相对较好	√	√	√	√	√	√	—	√*	√*	

注：LD11 中角标带 * 的模式表示只适用于平台种植，不适宜边坡。

1）坡面植物配置

A. 单一草地模式

该种植方式通过播种单一的草坪草种，形成规整、充满绿意的边坡景观。选择生长势旺盛、根系发达、抗性强的种类，以满足工程区域极端立地条件下的基本景观需求。

主要有以下几种植被种类：a.狗牙根、b.野牛草、c.白三叶草、d.白羊草、e.黑麦草、f.马唐、g.匍匐委陵菜等。

B. 混播草地模式

该种植方式选取多种草种混播。将不同生长习性和景观特色的草本按照一定比例播种，在形成更加稳固的护坡的同时，可延长草地观赏期。

主要推荐以下几种类型：a.草地早熟禾×多年生黑麦草×狗牙根、b.草地早熟禾×高羊茅×野牛草、c.白三叶草×狗牙根×黑麦草、d.黑麦草×狗牙根×紫花苜蓿、e.中华结缕草×狗牙根×草地早熟禾、f.百喜草×狗牙根×地毯草、g.草地早熟禾×野牛草×酢浆草、h.高羊茅×狗牙根×匍匐委陵菜等。

C. 缀花草地模式

该种植方式是在草坪的基础上，局部种植自播繁衍能力强的草本花卉，花卉种植面积不超过草坪总面积的30%~40%。可选取不同颜色、质感、高度、株形等的草本花卉，以多样的组合方式形成更加丰富的景观。此种植方式在后期多需要人工补种花卉。

主要推荐以下几种植被种类：细叶美女樱、老鹳草、萼距花、毛茛、蓝目菊、葱兰、鸢尾、三色堇、石竹等。

草地层的建制可以采用(A)单一草地模式或(B)混播草地模式。

D. 草花草甸模式

该种植方式模拟自然草甸的模式，人工混合多种草本植物，包括草坪草、多年生草本花卉及自播繁衍能力强的一年生或二年生花卉，形成一种近自然式地被景观。多种植物混播打破了单一绿化草坪的种植形式，丰富了生物多样性，增加了草本植物群落的层次和色彩，突出野趣、生态的景观效果。建议在种植时选取约10种以上的植物种类组合，以形成更好的效果。

主要推荐以下草花种类：金鸡菊、波斯菊、孔雀草、松果菊、蛇目菊、宿根大人菊、黑心菊、美丽月见草、百日菊、柳叶马鞭草、长叶紫菀、硫华菊等。

草坪草推荐种类：狗牙根、高羊茅、野牛草、中华结缕草、黑麦草、白三叶、白羊草、朝天委陵菜、酢浆草等。

E. 观赏草+草地模式

该种植方式以高度不一的草本植物搭配种植，由草坪草和观赏草组成，形成错落有致的草地景观。观赏草有较强的生长能力和别致的观赏特点，更适应边坡的生长环境。

观赏草推荐种类：细叶针芒、小兔子狼尾草、矮蒲苇、银穗芒、晨光芒、血草、苔草、斑叶芒等。

草地层的建制可以采用(A)单一草地模式或(B)混播草地模式。观赏草种植时可多种搭配种植。

F. 灌木+草地模式

该种植方式以草本和低矮灌木混植,在形成更加稳固、快速护坡效果的同时,强化景观效果。通过不同颜色、质感的灌木搭配种植,形成可视图样的景观。选取的灌木需要具备抗性强、可固土、生长速度快的特点。

推荐使用的灌木种类:红花檵木、大叶黄杨、沙地柏、金合欢、洒金千头柏、紫叶小檗、猪屎豆、枸杞、野蔷薇、酸枣、迎春花、杜鹃花等。

草地层的建制可以采用(A)单一草地模式或(B)混播草地模式,可依据景观的需求灵活配植。

G. 藤本+草地模式

该种植方式以枝叶繁茂、抗性强、铺地速度快的藤本搭配草坪草来覆盖边坡,可形成与一般草坪护坡截然不同的景观。藤本植物护坡具有更好的固土保水能力,虽然前期对坡面的覆盖度较低,但后期能形成更加稳固的边坡。因此,前期需搭配草坪草来稳固边坡,随着生长藤本植物逐渐取代草本植物。

推荐藤本种类:常春藤、五叶地锦、络石、葛藤、爬山虎、扶芳藤等。

草地层的建制可以采用(A)单一草地模式或(B)混播草地模式。

H. 湿地种植模式

该种植方式以湿生草本植物来形成护坡,适用于位于最高设计水位至最低水位之间的边坡及滩涂地带。针对边坡的生长环境和景观效果,所选取的植物还要具备抗性强和可观性强的特点。

推荐湿生的植物种类:千屈菜、大花美人蕉、黄菖蒲、水葱、再力花、梭鱼草、花叶芦竹、香蒲、泽泻、旱伞草等。这些湿地植物植于河岸边缘,形成绿意葱茏的水岸。

2) 平台植物配置

除以上坡面种植模式外,因堤顶平台、坡面间隔平台的生长环境较坡面更加适合植物生长,可以适当种植乔木,丰富植物群落。平台种植可选用(A)单一草地模式、(B)混播草地模式、(F)灌木+草地模式、(G)藤本+草地模式,还可选用以下两种种植模式。

I. 乔草模式

该种植模式由乔木和草本植物组成。主要选取有较强观花、观叶或观果性的乔木和草本搭配种植，配植时错开植物的观花期，以延长观赏期。考虑工程纵向跨度较大，南北气候有一定差异，因此江淮分水岭以南配植以常绿乔木为主，以北配植以落叶植物为主。

常绿中小乔木：紫楠、冬青、苦槠、石栎、小蜡、桂花等；落叶中小乔木有：龙爪槐、乌桕、紫荆、紫薇、梨、构树、桑、紫叶李、山桃、溲疏、石榴、蜡梅等。

搭配种植的草本分为草坪草、观赏草和常见草本花卉，推荐草坪草：狗牙根、高羊茅、野牛草、中华结缕草、黑麦草、白三叶、白羊草、朝天委陵菜、酢浆草等。

观赏草：细叶针芒、小兔子狼尾草、矮蒲苇、银穗芒、晨光芒、血草、苔草、斑叶芒等；常见草本花卉：细叶美女樱、老鹳草、萼距花、毛茛、蓝目菊、葱兰、秋海棠、三色堇、石竹、鼠尾草等。

植物可依据工程环境和需求灵活配置。

J. 乔灌草模式

该种植模式由中乔木、灌木和草本构成，以形成更加有层次的植物群落。在配置时综合考虑植物的生长习性和景观特性，将常绿和落叶与不同观赏性的植物搭配种植，并需错开植物的观赏期，以满足四季有景可观。所选取的乔木和草本种类可以参考乔草模式。

推荐常绿灌木：杜鹃、红花檵木、枸骨、六月雪、紫叶小檗、大叶黄杨、算盘子、洒金千头柏、洒金桃叶珊瑚等。

落叶灌木：棣棠、迎春、金丝桃、野蔷薇、月季、酸枣、大花六道木、枸杞等。

所推荐植物均具有较好的园林观赏特性，可依据工程环境和需求灵活配置。

7.6 生态景观提升目标

引江济淮工程纵跨安徽，联结长江与淮河、贯通菜子湖、巢湖、瓦埠湖等安徽境内主要湖泊。不仅成为长江与淮河两大流域之间便捷的水运通道，而且促进江淮地域河湖水系的水量交换和水体流动，提升水容量，改善水环境。工程沿线渐变的气候类型、多样的地质单位为动植物提供了多元丰富的栖息环境，江淮运河有望成为沟通江淮分水岭气候带的主要生态廊道。江淮流域作为中华文明的发祥地之一,有着厚重的历史积淀和丰富的文化传承。河流边坡景观体系建构过程中,必须注重历史文化效应,提高河道空间品质内涵。

基于此,在工程及其沿线局域造景的基础上,进一步深化景观内涵,将"水带+绿廊+文脉"三线合一作为河道生态景观提升综合目标,把引江济淮工程及其沿线统筹规划形成体现"引江济淮故事"的线性景观。

7.7 生态景观提升策略

1) 工程段景观风格分区

通过对沿线文化的梳理,结合植物造景分区,利用现代边坡装饰材料与技术,引江济淮工程沿线边坡景观可形成七大主题展示区(图7-2)。

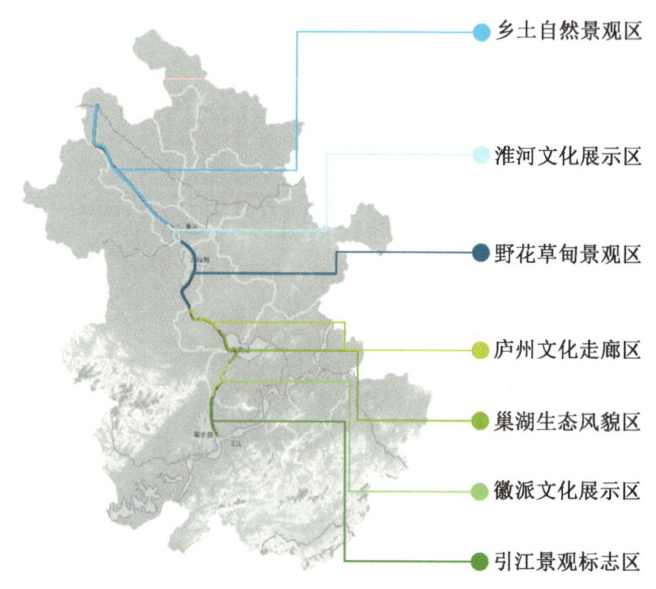

图 7-2 总体景观规划分区图

2) 工程段渠道种植特色控制

为了对应七段景观特色段落的划分,对整个工程段渠道边坡植被种植也进行了相应的种植特色控制,划分出每个段落的主要种植特色(图7-3)。整个工程段边坡形成"自然—半自然—规则"种植特色交替变化、植被类型丰富的运河绿色护坡形式,不仅成为景观特色展示的重要组成部分,而且变化丰富的种植特色可以有效打破航运单一景观模式,缓解工作人员视觉疲劳。

图 7-3 渠道种植特色分布图

7.8 重要节点选取建议

1) 节点选取说明

根据生态景观提升目标和策略,景观节点选取一方面考虑引江济淮工程的宣传和标识,另一方面考虑安徽文化节点的展示。结合引江济淮航道特征及工程沿线的文化特征和城市分布,在线性廊道上形成了四个重要的景观节点,如图 7-4 所示。

(1) 引江景观标志区:结合航道工程入口与菜子湖生态湿地,利用灯光和色彩绚丽的边坡景观形成航道入口的引导标志,对航运工作人员起到标识和提醒作用,同时也对航道工程起到宣传作用。

(2) 巢湖生态风貌区:本航道水系取道巢湖附近用地,但是并不流入巢

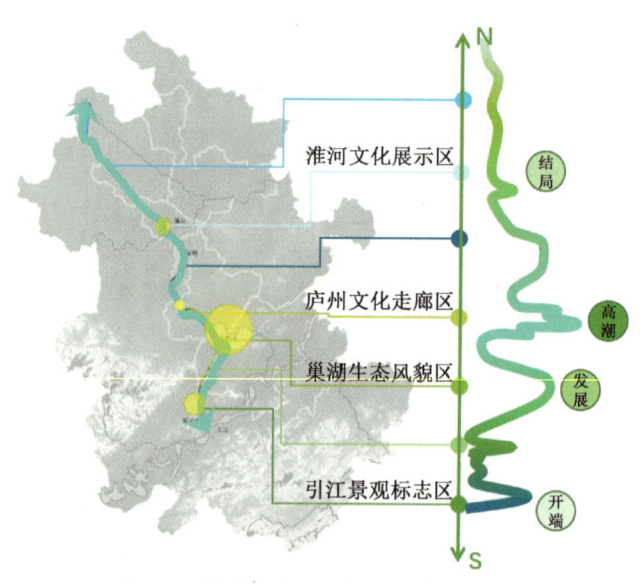

图 7-4　景观节点布局与景观节奏分布图

湖,因此对于巢湖生态风貌具有一定的保护作用。航道边坡形成的植被覆盖,一方面对巢湖生态有隔离保护的作用,另一方面通过半人工式的设计实现城镇人工景观与巢湖生态景观之间的过渡。

(3) 庐州文化走廊区:该部分是全线地势最高的渠段,两侧边坡高至八级,主要位于合肥市境内。通过较精细的边坡植被养护管理方式,结合庐州文化运用边坡装饰材料能够形成展示合肥悠久历史文化的走廊景观。

(4) 淮河文化展示区:作为"引江济淮"的终点,结合瓦埠湖自然景观,一方面起到标志作用,另一方面展示航线上的又一大文化圈——淮河文化。

2) 景观节点节奏控制

重要节点节奏把握的关键在于对观者视线的控制。四个重要节点的视线控制使四个节点按照一定的秩序与节奏构成线性景观序列上的"叙事情景",再通过景观视角设计,引导叙事情景的"开端—发展—高潮—结局",从而构成完整的叙事情节。从景观视线引导设计的角度,结合节点空间的闭合或开敞特征,四个节点的视线和节奏带给人紧张或舒缓等不同的视觉感受和情感体验(图7-5)。

首先从开阔的长江进入航道的引江景观标志区,这是线性景观的开端,同时也是景观视线收束的区域。通过收束视线,进一步聚焦视线,加强入口

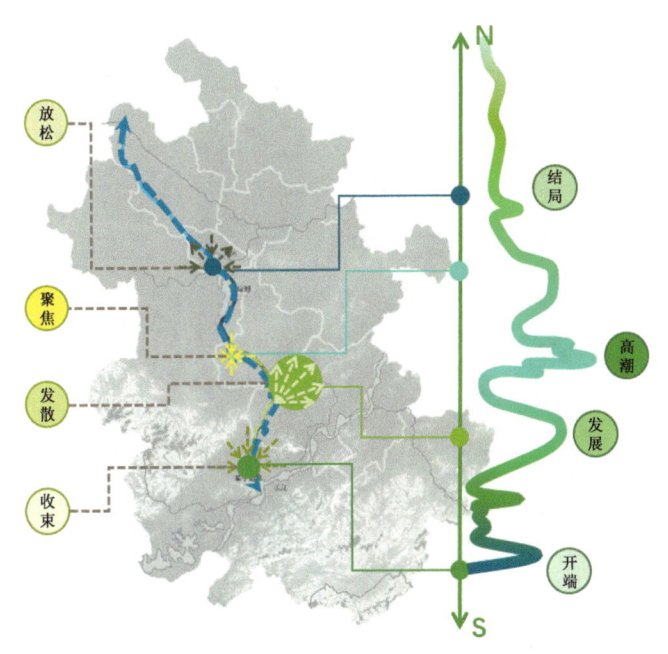

图 7-5　景观廊道节点视线分布图

景观的标识和引导作用。随着航道北上到了廊道景观的第二个节点巢湖生态风貌区,景观空间开阔,航道视线相对发散,给人以轻松愉快的体验,同时也为节点高潮的到来,形成空间节奏和视觉体验上的铺垫。第三个节点是依托地势最高的J007工程段形成的庐州文化走廊区,这是整条叙事路线的高潮点。通过最高达八级的边坡的视线阻挡,形成相对狭长的通廊,使航道上的视线主要聚焦在边坡。因为此处位于安徽省省会合肥市,也是庐州文化的发源地,这段渠道可以通过精细化养护的边坡植物与新材料制作的边坡文化墙的应用,很好地实现对庐州文化的集中展示,形成依山环水的自然式"文化展览馆"。最后一个重要的节点是"入淮河"的文化展示区,瓦埠湖形成的自然草甸给人以更加放松的视觉体验,同时也将这条叙事线路平缓地引入尾声,让人回味从长江到淮河多样的自然景观和丰富的历史人文积淀。

3）景观节点效果意向

对于重要景观节点的规划设计,从宏观上,需要通过空间开合与视线引导控制整条线性景观的节奏脉络;从微观上,需要保证每个节点具有独特的景观风貌,效果意向见图7-6。

图 7-6 重要节点景观意向图

第八章

结　　论

　　本研究开展了考虑船行波等较强水动力因素影响条件下的水位变幅区生态防护结构稳定特性研究、基于水文特征及工程地质条件分析的工程边坡防护分区方法研究、混凝土预制块结构型式及设计参数优化研究、边坡防护新材料的应用研究及植被配置选型和生态景观提升措施等 5 个方面的研究，取得的主要结论如下：

1）开展了考虑船行波影响条件下的水位变幅区生态防护结构稳定特性研究

（1）提出了适用于引江济淮工程的船行波波高计算公式

　　国内外对船行波波高的计算结果差异很大。本次研究基于船行波试验测量值对船行波计算公式中应用较为广泛的 Delft 水工研究所公式进行了参数率定得到公式(8-1)，验证结果表明：对于本工程河段的近岸处波高的计算，使用率定得到的公式(8-1)计算的结果较为准确，而对近船处波高的计算结果则会出现较大误差。

$$\begin{cases} H_m = \alpha h \cdot \left(\dfrac{s}{h}\right)^{-0.33} \cdot \left(\dfrac{V_s}{\sqrt{gh}}\right)^{2.67} \\ \alpha = 1.298 \end{cases} \quad (8-1)$$

　　考虑使用率定公式计算出的近船处波高会出现较大误差，因此基于本次试验测量值，采用量纲分析与多元线性回归分析的方法，推导了适用于本工程河段的船行波近船处与近岸处波高的计算公式(8-2)，该公式对于近岸处和近船处船行波波高的计算均较为适用。经综合分析后，本次研究在计算近岸处波高与近船处波高时推荐采用推导公式(8-2)。

$$\begin{cases} h_{船} = 0.904h \cdot \left(\dfrac{V_s}{\sqrt{gh}}\right)^{1.455} \cdot \left(\dfrac{h}{T}\right)^{-1.289} \\ h_{岸} = 0.856h \cdot \left(\dfrac{V_s}{\sqrt{gh}}\right)^{1.388} \cdot \left(\dfrac{h}{T}\right)^{-1.322} \end{cases} \quad (8\text{-}2)$$

(2) 确定了研究河段极限波高

本次船行波模型试验测得在最低通航水位条件下,工程河段近岸处的船行波波高为 1.05 m,因此该工程河段的极限波高取 1.05 m。在两船对遇或两船追越情况下,水面的波动幅度不同,且两船对遇工况下明显更大。

(3) 比选了不同开孔方式(数量、大小、形状等)对消浪效果的影响

垫层具有一定的消浪效果,在孔隙率相同的情况下,斜坡坡面上块体开孔数越少则下方垫层的消浪效果就越强;在其他条件相同的情况下,护岸块体的消浪效果与开孔数量之间不存在线性关系。在本次试验中,开 8 孔比开 4 孔的消浪效果偏弱,而开两孔块体的消浪效果最强。本次研究提出了水位变幅区生态砖开孔率,为防护分区方法的确定提供了支撑。

(4) 提出了最小稳定块体重量

块体在船行波作用下的失稳过程具有一定随机性,同时也具有一定的确定性。随机性表现在破坏工况下的波浪功率与块体失稳率之间存在明显的非线性关系;确定性表现在波浪作用下的块体其破坏失稳存在确定的临界失稳状态函数。工程河段设计波高条件下的最小稳定块体重量为 40 kg。

(5) 提出了最大破波压力计算公式

本研究基于试验测量值建立了相对最大破波压力 $p_n/(\gamma H)$ 与波陡 H/L 之间的计算公式(8-3):

$$\dfrac{p_n}{\gamma H} = 0.406 \cdot \left(\dfrac{H}{L}\right)^{-0.571} \quad (8\text{-}3)$$

(6) 建立了块体内土体淘刷形态参数计算公式

土体淘刷试验借鉴了土质岸坡在波浪作用下坡面变形的相关研究成果,引入了在波浪作用后对坡面的主要形态参数进行测量与分析,推导出了最大冲刷深度 h_1、最大淤积厚度 h_2、最大冲刷范围 L_1、最大淤积范围 L_2 的理论计算公式(8-4a、4b、4c、4d)。该系列理论计算公式可以在防护分区理论研究

中以及坡面防护范围与防护强度等工程实际中应用。波浪作用下冲淤后坡面理想形态见图 8-1。

$$h_1 = 0.119 N^{-0.516} P^{0.789} H^{0.411} L^{0.589} \tag{8-4a}$$

$$h_2 = 0.203 N^{0.080} P^{0.604} H^{0.843} L^{0.157} \tag{8-4b}$$

$$L_1 = 1.94 N^{0.021} P^{-0.139} H^{0.618} L^{0.382} \tag{8-4c}$$

$$L_2 = 1.76 N^{0.109} P^{-0.097} H^{0.854} L^{0.146} \tag{8-4d}$$

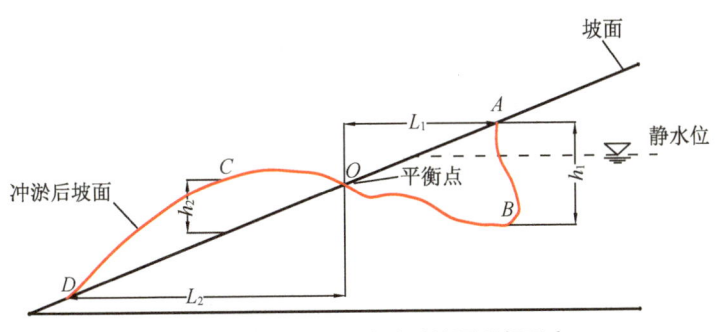

图 8-1 波浪作用下冲淤后坡面理想形态

2) 提出了基于水文特征及工程地质条件分析的工程边坡防护分区方法

(1) 根据工况、设计资料和现场调研，梳理边坡分级、特征水位位置

引江济淮岸坡防护工程的边坡包括一级、二级、三级、四级、五级、六级、七级、八级等型式。

(2) 根据工况、设计资料和现场调研，梳理了生态结构类型及使用位置

① 引江济淮岸坡防护工程采用的生态结构型式包括预制格式结构、大三角结构、四叶草结构、"MU"铰链生态砖、水下铰链排、水滴结构、柔性生态水土保护毯等。

② 膨胀土边坡和崩解岩，膨胀土二级边坡以下现浇混凝土板，崩解岩包括现浇板和打锚杆。设计洪水位在二级边坡中部，生态结构用于二级边坡以上，用于设计或者最高洪水位以上。生态结构型式有预制块和水土保持毯。

③ 土质边坡段，生态结构采用小型生态砖，一、二级边坡均有使用。

(3) 形成基于横向分段、竖向分区的防护分区方法

① 在平面上，考虑 5 个方面的特征，包括 A 类岸坡地质、B 类通航情况、

C类所在区域城乡性质、D类河道载体来源、E类填挖方类型，将研究区域再横向分段。

② 在横断面上，根据水位特征，将横断面进行竖向分区：

对于通航段，特征水位从上至下包括：最高洪水位、最高通航水位、植被线或青黄线、最低通航水位。根据特征水位，划分为 L_1 最高洪水位以上、L_2 最高通航水位—最高洪水位、L_3 植被线或青黄线—最高通航水位、L_4 最低通航水位—植被线或青黄线、L_5 最低通航水位以下。

对于非通航段，特征水位从上至下包括：最高洪水位、植被线或青黄线。根据特征水位，划分为 L_6 最高洪水位以上、L_7 植被线或青黄线—最高洪水位、L_8 植被线或青黄线以下。

③ 上述竖向分区、横向分段各个因素交织在一起，互相影响，需要综合各类要素考虑岸坡防护结构选型、注意事项及评价标准等。基于竖向分区、横向分段的思路，提出要素组合之后的防护分区编码表（见附表）。该编码表可作为选取具体河段岸坡防护结构的判别标准和参考依据。

3) 优化了设计预制块结构参数，提出了多种新型生态型式

(1) 提出了膨胀土段及崩解岩段大框格结构优化方案

① 目前对于换填水泥改性土的膨胀土段以及崩解岩段，设计普遍使用大框格结构，大框格结构（见图8-2）由于体积大、厚度也较厚，可以盛放足够的耕植土，对于膨胀土段和崩解岩段岸坡防护，具有较好的适应性。

图8-2 大框格结构型式

② 分析了大框格结构存在的问题：

一是结构稳定性问题。框格结构采用整体刚性连接，局部变形适应能力差，存在稳定性风险。

二是土体流失问题。框格内存在回填的耕植土流失的情况。试验段内相当数量的框格内，耕植土流失比例在 1/3～1/2。从框格结构内部来看，下部土体流失率高于上部，边角淘空明显。从边坡整体来看，越靠近渠段方向，土体流失率越高。

三是保水性问题。从试验段现场土体情况来看，上部耕植土比较干燥，保水性差，这也是影响植物生长的关键原因。

四是施工便利性问题。大框格结构尺寸为长 1.08 m、宽 1.08 m、厚 0.3 m，重约 360 斤。大框格结构作为一种三级平台以上护坡结构，其使用效果较好，但由于单个结构块体大、重量大，现场受施工场地及施工环境影响，机械化作业水平低、施工存在一定难度。

③ 针对大框格结构存在的问题，提出了大框格结构优化方案：

一是针对结构稳定性问题，改变框格结构原有的螺栓刚性连接方式，如使用适应局部变形能力更强的钢铰绳等相对柔性的连接方式，或通过改变结构之间的搭接实现无连接方式。图 8-3 为改善结构连接方案图。

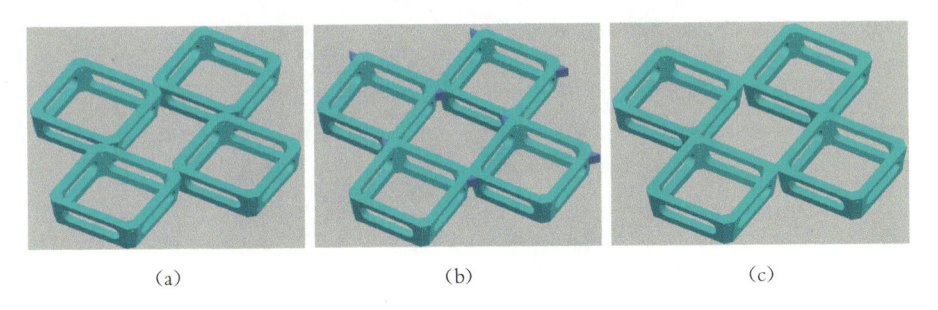

(a)   (b)   (c)

图 8-3　改善结构连接方案图

二是针对土体流失问题，对于由于土体压实和回填土土量引起的土体流失，在施工过程中，必须严格控制施工质量，保证土体充分压实、耕植土保质保量回填。对于耕植土缺少保护和遮挡引起的土体流失，在框格回填的耕植土表面，应采取遮挡措施。对于耕植土厚度不够的问题，通过改变框格结构设计，提出了增加耕植土厚度的优化方案，见图 8-4。

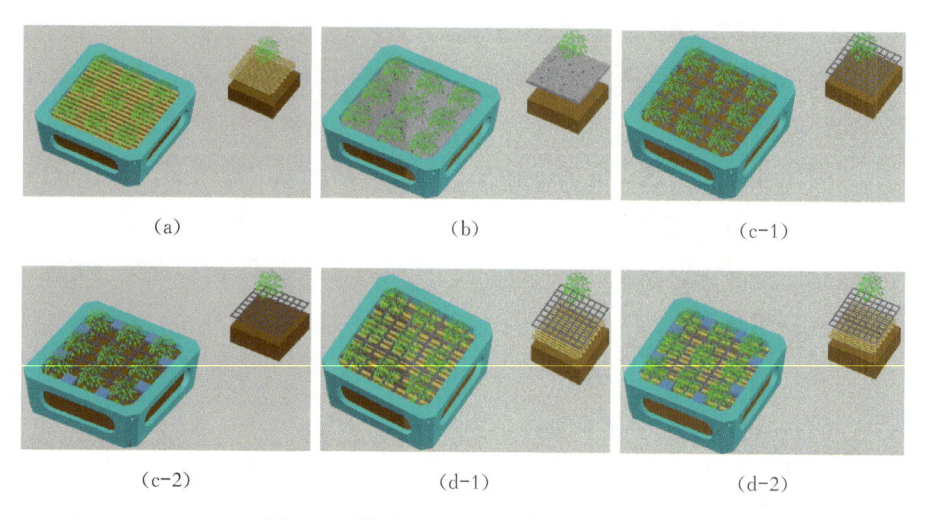

引江济淮工程岸坡防护生态结构型式研究

(a)　　　　　　　　(b)　　　　　　　　(c-1)

(c-2)　　　　　　　(d-1)　　　　　　　(d-2)

图 8-4　通过固土改善土体流失方案图

三是针对保水性问题,提出解决土体流失的措施,在保土的同时,也避免阳光直接照射土体,降低水分蒸发,对于解决保水性问题也有作用。此外,针对框格结构设计中上、下纵向连通孔引起的保水性问题,可采用上、下孔用土工布、不开孔的塑料板遮挡的措施。图 8-5 为增加保水性方案图。

图 8-5　增加保水性方案图

四是针对施工便利性问题,保留以往整体预制式大体积生态防护结构的优势,并克服整体预制式大体积生态防护结构重量大的缺点,提出装配式大体积生态边坡防护结构优化思路。图 8-6 提出的结构优点在于:①与同等大小的整体预制式结构相比,同等条件下,耕植土盛放量、水土保持情况和植物生长情况一致。②在运输过程中,由于重量较轻易搬运。③在无法机械化施工的条件下,单个杆件易搬放和铺设。④局部损坏后易维修。

第八章 结 论

(a) 预制杆件式大框格结构 1

(b) 预制杆件式大框格结构 2

(c) 预制杆件式大框格结构 3

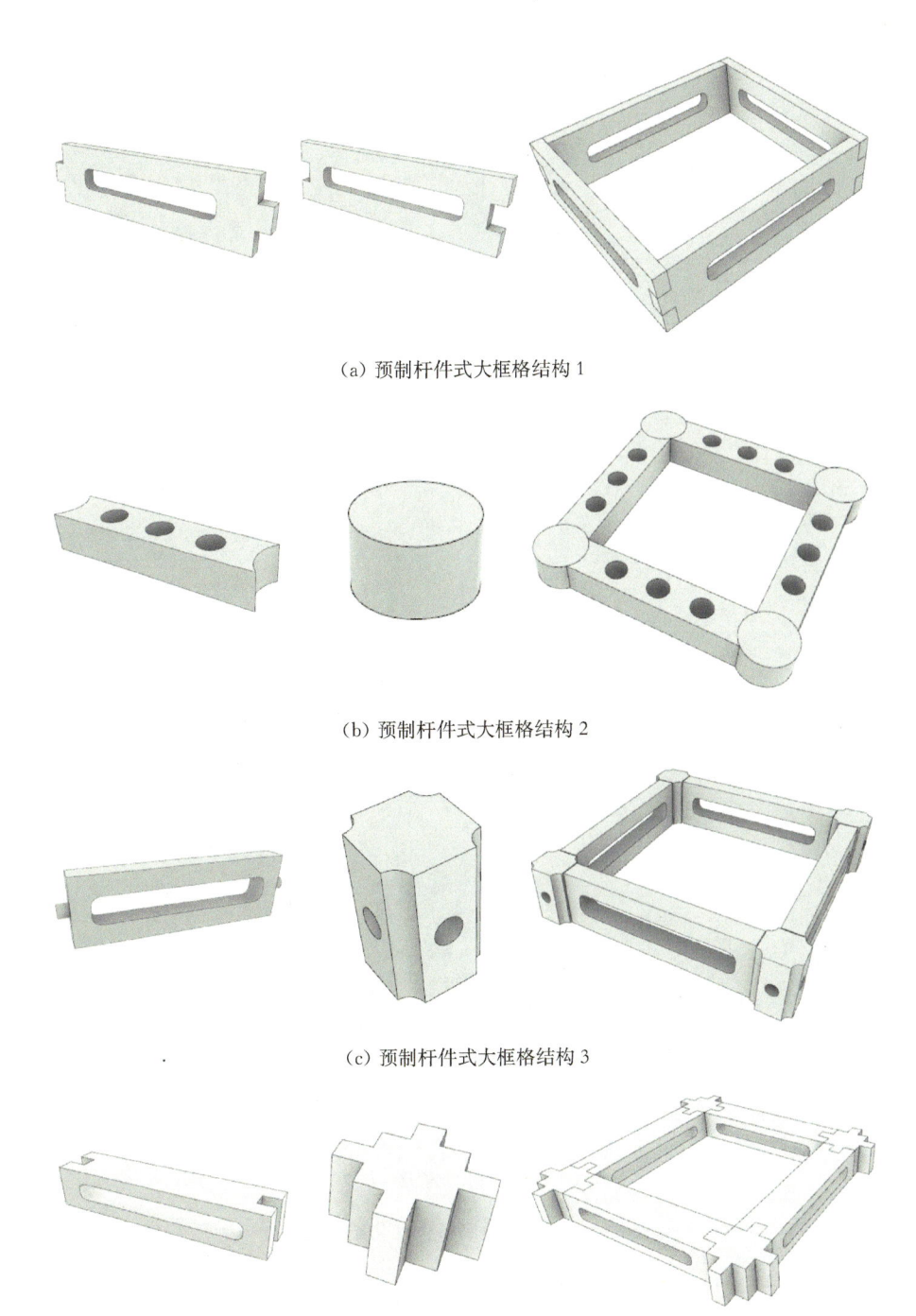

(d) 预制杆件式大框格结构 4

(e）预制杆件式大框格结构 5

(f）预制杆件式大框格结构 6

(g）预制杆件式大框格结构 7

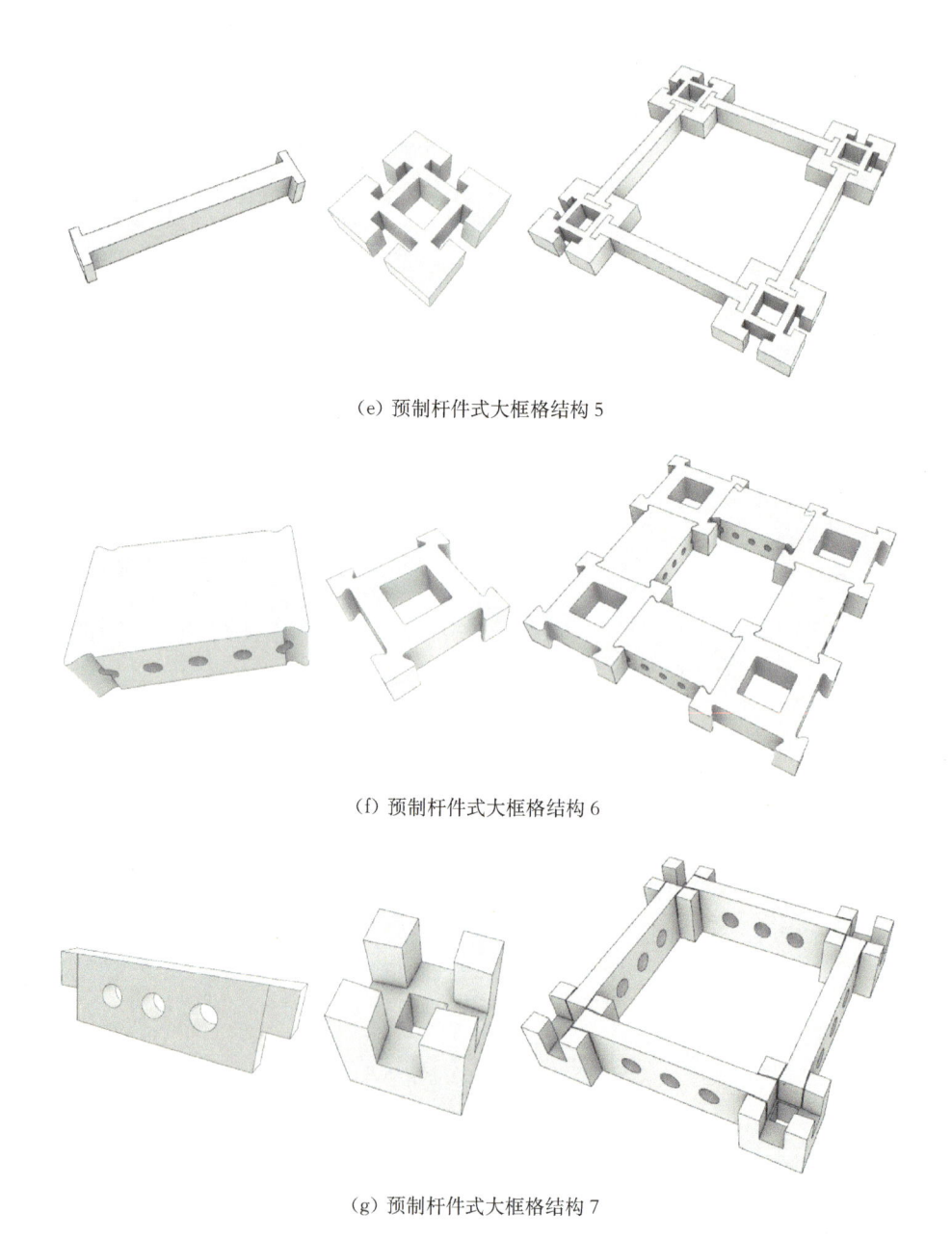

图 8-6　大框格预制杆件优化结构型式

（2）提出了土质岸坡段各类生态砖结构优化方案

① 前期设计使用的小型预制块体结构，或者小型生态砖的结构型式，包括四面超强联锁结构、四叶草、大三角、水下铰链排、水滴结构等，针对结构存

在的问题,分别提出了优化方案。

② 原四面超强联锁结构单孔尺寸偏大,可能导致孔内填充土体在浪击影响下被淘刷,建议进一步减小结构的单孔尺寸,采用多开孔开小孔的方式,并采取措施防止土体流失,如表层排一层小石子等。以原四面超强联锁块为基础,初步优化后提出四类结构型式,推荐采用心形孔的四面超强联锁护坡砖(见图 8-7)。

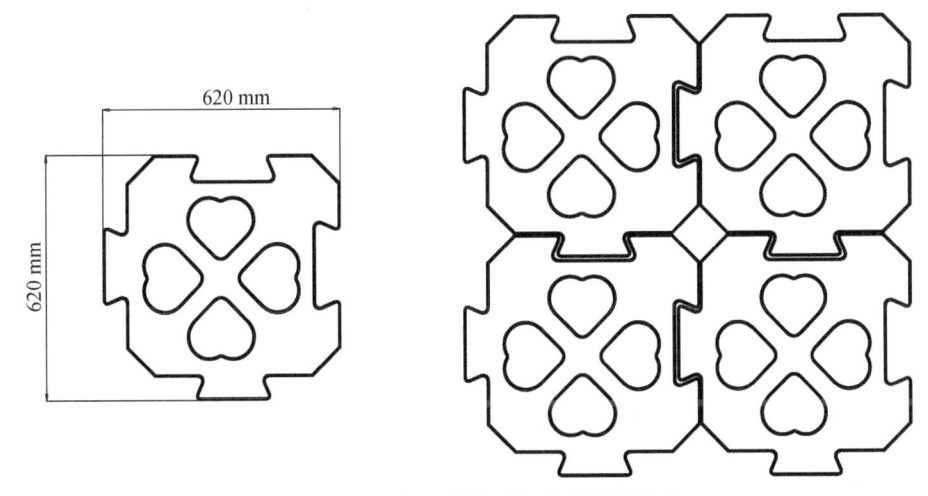

图 8-7 四面超强联锁结构优化推荐型式

③ 四叶草结构尺寸为 600 mm×660 mm×120/150 mm,12 cm 块体约重 73 kg,不同的排列方式形成不同空隙率。使用咬合方式铺设时,空隙率在 25%～30%之间;采用平铺方式时,空隙率在 40%左右。四叶草结构型式心形孔可以比较好地防止土体流失,适用于土质边坡水位变幅区。当用于植被线与最低通航水位之间时,建议采用咬合方式铺设,以保证结构稳定性;当用于植被线以上时,建议可采用平铺方式,形成较大空隙率为植被生长提供更多空间。四叶草结构型式见图 8-8。

④ 原水下矩阵预制块体结构型式(见图 8-9),块体中间部分为凸出结构。结构尺寸为 640 mm×610 mm×120 mm,重约 55 kg/块,块体之间由钢绞线连接,内置穿钢绞线孔直径为 20 mm。考虑增加生态效果,对水下矩阵块体结构进行优化,提出带有鱼巢功能的水下生态砖优化方案共 3 种(见图 8-10)。优化后的结构方案,块体整体厚度不变,主体结构不变,基本不影

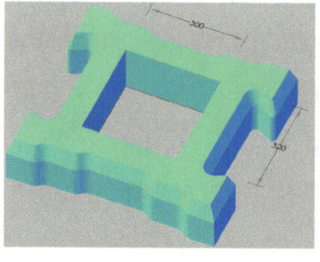

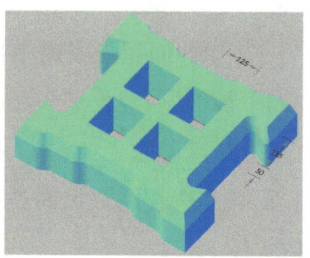

(a) 原四叶草结构　　　(b) 四叶草优化型式 1　　　(c) 四叶草优化型式 2

图 8-8　四叶草结构型式

响工程整体效果。反向凹槽及贯通缝可为鱼虾等动物提供栖息场所，形成带有鱼巢功能的水下结构。块体结构重量减轻，有利于施工沉放排体。

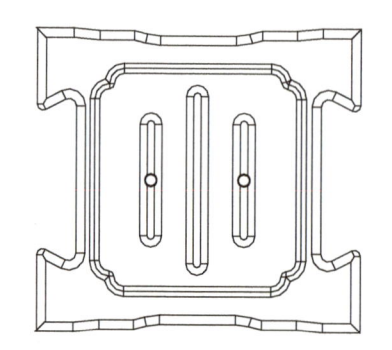

图 8-9　原水下矩阵预制块体结构型式

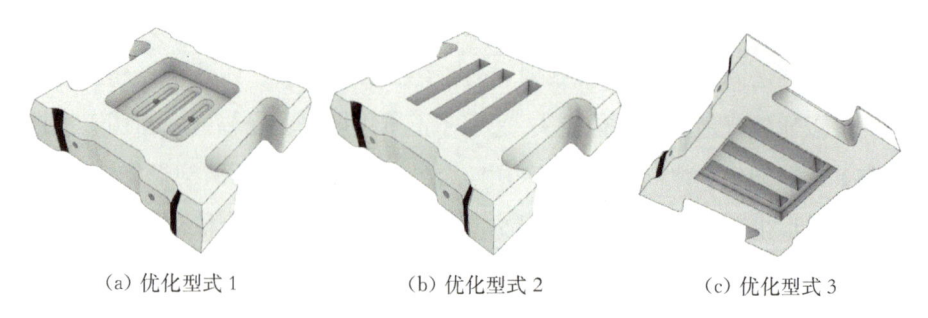

(a) 优化型式 1　　　(b) 优化型式 2　　　(c) 优化型式 3

图 8-10　水下矩阵预制块体结构优化型式

4) 开展了边坡防护新材料的应用研究

(1) 在裸土冲刷试验与岸坡防护材料的侵蚀试验中，试验段入口与岸坡坡脚处的土体侵蚀程度较大，淘刷现象较为明显。这主要是因为水流进入试验段后床面地形与床面粗糙度变化较大所致,二者相互结合导致了强度较大的局部湍流。为最大限度地降低试验段入口与岸坡坡脚处的土体侵蚀,建议在开展此类试验时在进口段接头处设置锚固槽,将材料垫小心地固定在进口段,并在坡脚处对岸坡防护材料垫进行进一步加固。

(2) 三种岸坡防护材料的性能失效主要出现在高水位条件下,且流量越大不同材料性能失效的可能性也越大;材料失效则主要出现在大流量条件下,且水位越低材料出现失效的可能性越大。因此,在本次岸坡防护材料侵蚀试验中,材料出现的失效情况按照水流条件可以分为两类:高水位条件下的性能失效、大流量条件下的材料失效。

(3) 三种岸坡防护材料在不同水流条件下出现材料失效与性能失效的概率不同。非加筋材料(水土保持毯、植被草毯)的失效情况以材料失效为主,加筋材料(三维加筋垫)的失效情况则以性能失效为主。

(4) 在小流量高水位条件下,三种岸坡防护材料均出现了性能失效的情况,但是加筋材料的土体侵蚀体积百分比非加筋材料小,表明加筋材料的保土效果优于非加筋材料。

(5) 本次试验中三维加筋垫的极限抗冲流速为 1.690 m/s,植被草毯的极限抗冲流速为 0.927 m/s,水土保持毯的极限抗冲流速为 0.954 m/s。尽管两种非加筋材料的极限抗冲流速较为接近,但水土保持毯的有效时间比植被草毯的有效时间长,表明水土保持毯的保土效果优于植被草毯。

(6) 材料失效情况分析:①对于不加筋的水土保持毯,当 $U = 0.954$ m/s 时发生材料失效,失效过程以"U"形钢钉弹出、材料撕裂与掀起为主;②对于不加筋的植被草毯,当 $U = 0.927$ m/s 发生材料失效,失效过程以"U"形钢钉弹出、材料漂浮为主;③对于三维加筋垫,当 $U = 1.690$ m/s 时发生材料失效,失效过程以"U"形钢钉弹出、材料撕裂与掀起为主,与水土保持毯的失效过程相同。

(7) 性能失效情况分析:①裸土冲刷试验中土体受水流直冲时,土体侵蚀程度较大。坡面上的土体一般顺着水流流线方向开始被侵蚀,土体侵蚀剖面形状较为规则;②岸坡防护材料侵蚀试验中,由于坡脚处流态复杂、水流紊动强度大,固定坡脚处的"U"形钢钉往往会最先弹出。土体侵蚀也从材料与土壤之间初始接触的点处开始发展,以点带面逐渐以扇形状扩散到更大的区域。

(8)草皮根部可以通过岸坡防护材料自然生长,从而形成更厚、更密实的加筋草皮层。岸坡防护材料若采用加筋形式,能够在植被生长初期最大限度地降低土壤侵蚀并确保植被保护层的存在,因此选择恰当的材料对岸坡防护至关重要。

5)开展了植物配置选型和生态景观提升措施研究

(1)影响本工程渠道边坡植物选择的主要因素包括气候条件、水位条件和岸坡基质环境等。从气候条件来看,引江济淮工程区域自南向北呈现渐变趋势,虽然整体气候条件变化不大,但江淮分水岭(肥西到寿县)依然能够体现我国南北气候的差异性,可作为植物种类选择和景观分区的主要依据。通过梳理工程区现有设计资料,综合竖向水位条件、岸坡基质环境及岸坡结构设计方案,将引江济淮岸坡工程划分为11种植被立地类型。

(2)通过对工程所在地区适生植被资料梳理、工程区及其周边植物现状调查,结合本工程植物种植主要考虑的因素,筛选构建工程区适生植物"基础资料库"。同时,综合相关案例分析及植物配置经验,形成本工程护坡植物种植的认识如下:

① 工程区边坡由于护坡结构限制和工程稳定性需求,造成边坡土层瘠薄、孔隙率低、养护管理难度大等问题,对于植物生长而言属于极端生境。考虑到资源节约型的边坡景观构建,对于边坡植物选择应当以耐干旱、耐瘠薄、根系发达、覆盖度好、易于成活、便于管理、兼顾景观效果的适生草本或低矮木本植物为主。

② 护坡植物的生长势及后期景观效果,不仅受到护坡形式及其护坡结构下的土壤水文条件的直接影响,而且与后期养护管理情况密切相关。加强人工养护管理,通过人为适度干预引导植物群落发展,是实现边坡景观多样性和长期稳定的关键。规整式的护坡植物景观效果,更要求精细化的后期养管维护。

③ 边坡设计草本植物普遍面临被大量野生草本入侵的现状。以豆科

和菊科植物为优势种的野生草本在边坡更易形成长势良好的植被群落。"入侵"的乡土草本植物,是自然演替的正常结果。乡土野生草本植物相比边坡设计植物,不仅生长势旺盛、植株抗性耐性强,而且以豆科植物为典型的野生草本在固土护坡的基础上能够有效改良土壤,成为边坡早期固土绿化良好的先锋植物。此外,乡土草本营造的边坡生境景观能够体现四季枯荣变化,不同于草坪草种植形成的规则式人工景观,给人以具有自然野趣的审美体验。

④ 基于工程试验段的种植试验,发现狗牙根,尤其是茎植狗牙根适应工程区环境条件,但长期维持稳定均一的草坪效果,需要精细化的管理投入。在自然力驱动下的自生植物是实现边坡植被修复、物种多样性及景观多样性的重要资源,然而自生植物中的入侵植物,对于边坡自身的生态稳定性及整个工程沿线的生物多样性都存在隐患。在前期建植和后期的养护管理中,要科学地对待不同种类的自生植物。

(3) 有针对性地设置了 10 种植物配置模式:A. 单一草地模式;B. 混播草地模式;C. 缀花草地模式;D. 草花草甸模式;E. 观赏草+草地模式;F. 灌木+草地模式;G. 藤本+草地模式;H. 湿地种植模式;I. 乔草模式;J. 乔灌草模式。将这 10 种种植模式,遵循植物种植原则和植物造景策略,应用 11 种立地类型,有助于实现边坡植被配置的多模式、多种类、多特色的多元选择,营造沿河边坡及岸坡平台的多样化植物景观。

(4) 通过前期的现场调研与对沿线地区自然与人文资源的梳理,站位于引江济淮项目"水带+绿廊+文脉"三线合一的河道生态景观综合提升目标,提出概念性的总体景观规划设计策略:

① 综合渠道建设连通江淮的属性、沿线河湖的自然资源特点与周边城镇的历史人文性格,将整个工程段自南向北划分出引江景观标志区、徽派文化展示区、巢湖生态风貌区、庐州文化走廊区、野花草甸景观区、淮河文化展示区、乡土自然景观区等 7 大景观分区,形成"一水连江淮,贯三湖、串七区"的线性运河景观,使得引江济淮工程建设成为生态文明建设背景下地域特色与文脉传承的重要宣传与展示名片。

② 在这条线性景观路线上,通过选取引江景观标志区、巢湖自然风貌

区、庐州文化走廊区、淮河文化展示区中富有空间特色和标识意义的重要景观节点,打造成为整条景观廊道视线开合变化和空间节奏"起承转合"的控制点;同时亦可生动有序地呈现出"引江济淮故事"在视觉叙事上的开端、发展、高潮和结局。

③ 工程纵跨安徽,联结长江与淮河、贯通菜子湖、巢湖、瓦埠湖等安徽境内主要湖泊,成为长江与淮河两大流域之间便捷的水运通道和运河廊道景观。结合整体景观规划策略及渠道护坡的多模式、多种类、多特色的种植模式,提出"自然式—半自然式—规则式"交替变化、类型多样、植被类型丰富的运河绿色边坡生境,衬托河道边坡人文景观小品,实现河道水—绿—人文的融合。

④ 在更宏观的规划尺度下,工程沿线由南向北展示出常绿阔叶群落景观到落叶阔叶群落景观的过渡,依托菜子湖、巢湖、瓦埠湖等大型自然水体景观斑块,结合周边城乡独具特色的历史文化风貌和不同的城市化发展水平,形成覆盖范围更广的、几近贯通安徽南北的生态廊道。这条生态廊道以工程渠道为骨架,对应7大景观分区,由南到北依次形成:自然式河湖湿地景观、常绿阔叶植物群落乡土景观、半自然式水生植物景观、规则式城市植被景观、自然式湖区湿地景观、落叶-常绿植物群落过渡景观和落叶阔叶植物群落乡土景观。

参考文献

[1] 夏继红,严忠民.生态河岸带综合评价理论与修复技术[M].北京:中国水利水电出版社,2009.

[2] 李一兵,程小兵.长江中下游绿色环保型航道整治建筑物研究[J].水道港口,2012, 33(5):397-404.

[3] 马玲,王凤雪,孙小丹.河道生态护岸型式的探讨[J].水利科技与经济,2010(7):744.

[4] 陈海波.网格反滤生物组合护坡技术在引滦入唐工程中的应用[J].中国农村水利水电,2001(8):47-48.

[5] 周跃.植被与侵蚀控制:坡面生态工程基本原理探索[J].应用生态学报,2000,11(2): 297-300.

[6] 丁淼.坝河生态护岸的景观建设[J].北京水务,2009(S1):52-54.

[7] 陈明曦,陈芳清,刘德富.应用景观生态学原理构建城市河道生态护岸[J].长江流域资源与环境,2007,16(1):97-101.

[8] 曾子,周成,王雷光,等.基于乔灌木根系加固及柔性石笼网挡墙变形自适应的生态护坡[J].四川大学学报(工程科学版),2013,45(1):63-66.

[9] 邓文炎.百色市河东区防洪护岸设计[J].广西水利水电,2009(1):28-31.

[10] 胡志超.生态格宾挡墙技术在苏北运河整治中的应用[J].中国水运,2011,11(3): 133-135.

[11] 董传琛,张守田,赵大明.格宾石笼在河道治理工程中的应用[J].山东水利,2012:29-30.

[12] 伏永朋,赵欣,潘伟,等.格宾技术在长江三峡三斗坪镇护岸防治工程中的应用[J].地质灾害与环境保护,2006,17(2):49-53.

[13] 邓丽,张柏英,李星,等.波浪作用下雷诺护垫护坡的设计与应用[J].水道港口, 2013,34(3):208-213.

[14] 刘琼,张晨曦.雷诺护垫技术在河道护坡工程中的应用及其生态意义[J].湖南水利水电,2010(3):16-18.

[15] 许文年,叶建军,周明涛,等.植被混凝土护坡绿化技术若干问题探讨[J].水利水电技术,2004,35(10):50-52.

[16] 肖庆华,谷祖鹏,雷国平,等.自嵌式挡土墙在长江航道整治工程中的应用[J].水运工程,2017(1):143-146.

[17] 甘美娜,王栋宇,温莹,等.自然型河流生态护岸技术研究[J].花卉,2017(14):22-24.

[18] 张亮.生态型人工鱼巢段在长江下游航道整治工程中的应用[J].中国水运,2017,17(11):149-150.

[19] 陈海波.护坡新技术—网格反滤生物工程[J].海河水利,2000(3):25-26.

[20] 罗涛,王灿,郝枫楠.南水北调中线一期穿黄工程南岸渠道防护设计[J].中国水运,2016,16(12):242-244.

[21] 李智民,江亚鸣,杨宜军."引江济汉"工程膨胀土渠道边坡稳定性及防治对策[J].资源环境与工程,2007,21(2):144-146.

[22] 吕希宏.不良和特殊地质地段渠道护坡新技术的质量控制[J].河南水利与南水北调,2012(16):139-140.

[23] 常青,董卫军,李春艳.谈垂直联锁混凝土砌块结构型式的改进[J].山东水利,2016(12):5-6.

[24] 任重琳,任传栋,王志真,等.模袋混凝土护坡设计[J].海河水利,2013(1):35-37.

[25] 肖兰,肖衍.钢丝网石笼垫护坡的质量和进度控制.科技资讯[J],2010(12):58.

[26] 王南海,张文捷,王玢.新型护岸技术——四面六边透水框架群在长江护岸工程中的应用[J].长江科学院院报,1999,16(2):11-16.

[27] 潘美元,肖庆华,李冬.仿生水草垫在航道整治护滩工程中的应用[J].水运工程,2017(1):115-120.

[28] 李明.河流心滩守护中的生态固滩方法研究——以长江倒口窑心滩植入型生态固滩工程为例[J].中国农村水利水电,2018(7):78-83.

[29] 熊小元,余新明,李明,等.一种新型植生型钢丝网格护坡结构研究[J].水道港口,2018,39(5):567-572.

[30] 曹民雄,申霞,应瀚海.长江南京以下深水航道生态型整治建筑物结构研究[J].水运工程,2018(1):1-11.

[31] 史云霞,陈一梅.国内外内河航道护岸型式及发展趋势[J].水道港口,2007,28(4):261-264.

参考文献

[32] 葛红群,朱轶群.芦苇生态护坡在京杭运河两淮段治理工程中的应用[J].南通大学学报(自然科学版),2009,8(2):62-64.

[33] 葛红群.京杭运河扬州段生态护岸设计[J].水运工程,2010(5):75-78.

[34] 宋雅岚,朱仁传,缪国平等.Kelvin源求解船行波及其在总阻力估算上的应用[J].水动力学研究与进展 A 辑,2018,33(1):1-8.

[35] Johnson J W. Ship waves in navigation channels[J]. Coastal Engineering Proceedings, 1957(6):40-40.

[36] 李一兵.变态船模与实船的相似性问题探讨[J].水道港口,2000(4):7-12.

[37] 高凯.船舶兴波对船舶影响研究及其在受限水域中的应用[D].大连:大连海事大学,2004.

[38] 骆婉珍,郑青榕,吴铁成.船舶在狭窄浅水航道船行波的数值模拟[J].船舶工程,2014,36(4):88-91.

[39] 胡一笑.船行波的计算机仿真研究[D].西安:西安电子科技大学,2008.

[40] 沈国光.船行波的形成及其某些性质[J].力学与实践,1981,3(4):6-12.

[41] 王亥索,孙凡.船行波对复式航道隔离带宽度的影响[J].水运工程,2011(11):181-183.

[42] 刘洋.船行波对港口航道周边工作船舶的影响及应用[D].大连:大连海事大学,2007.

[43] 崔衍强,王元战,刘旭菲.船行波对内河饱和软黏土刚度和强度弱化影响试验研究[J].水道港口,2015,36(5):425-431.

[44] 徐原,高高.船行波对直立岸壁的作用研究[J].船海工程,2012,41(5):81-83.

[45] 李志松,吴卫,刘桦.船行波内河航道直墙侧壁爬高的数值模拟[C].第十四届全国水动力学学术会议暨第二十八届全国水动力学研讨会文集(下册).2017.

[46] 郝军.船行波与复式防波堤的相互作用[D].大连:大连理工大学,2001.

[47] 张瑶,张绪进,尹崇清.船行波与运河岸坡的研究综述[J].中国水运(学术版),2006,6(5):19-20.

[48] 吴云岗.船尾迹的波动理论[D].上海:复旦大学,2007.

[49] 蔡新功,常赫斌,王平.多体船型在静水中的兴波阻力研究[J].水动力学研究与进展:A辑,2009,24(6):713-723.

[50] 刘旭菲.多因素作用下植被对岸坡稳定影响的试验及数值模拟研究[D].天津:天津大学,2015.

[51] 王水田.关于船行波问题的研究(一)[J].水道港口,1980(4):21-37.

[52] 王水田.关于船行波问题的研究(二)[J].水道港口,1981(1):9-16.

[53] 王水田.关于船行波问题的研究[J].水道港口,1981(Z1):21-33.

[54] 李焱,马隽,赵杨.海船船行波对游艇航行安全影响试验[J].水道港口,2010(1):45-50.

[55] 陶正叶,沈燕萍,张锁山等.河道整治工程中船行波计算分析与应用[J].上海水务,2006,22(3):47-49.

[56] 程曦.基于ABAQUS的内河航道岸坡稳定性数值模拟研究[D].天津:天津大学,2011.

[57] 倪崇本.基于CFD的船舶阻力性能综合研究[D].上海:上海交通大学,2011.

[58] 李佳皓,拾兵.基于船行波消减功能的内河航道生态护岸的研究进展[J].中国水运:下半月,2019,19(3):111-113.

[59] 毛礼磊.基于实船验证的内河限制性航道船行波数值模拟[D].东南大学,2016.

[60] 李志松,吴卫,陈虹,等.内河航道中船行波在岸坡爬高的数值模拟[J].水动力学研究与进展:A辑,2016,31(5):556-566.

[61] 马珺,黄晓滨,肖志乔.内河河道船行波浅析[J].科技风,2013(5):20-21.

[62] 张根宝.内河慢速船舶船行波问题探讨[J].上海水务,2008(2):60-62.

[63] 卓明泉,许劲松,朱志夏.浅水航道船行波数值模拟研究[J].水动力学研究与进展(A辑),2019,34(1):63-68.

[64] 蔡汝哲,李成,鲁政.水工模型中变态船模的相似性[J].重庆交通大学学报:自然科学版,2012,31(3):501-505.

[65] 何超勇,琚烈红,冯卫兵.苏南运河船行波现场观测及物理模型试验研究[J].水运工程,2012(8):130-135.

[66] 项菁,石根娣.天然航道船行波波高计算方法[J].河海大学学报:自然科学版,1994,22(2):45-50.

[67] 严忠民,唐洪武,周春天.通榆河响水段船行波与护坡冲蚀试验研究[J].水利水电科技进展,1997,17(5):40-44.

[68] Noblesse F, Zhang C, He J, et al. Observations and computations of narrow Kelvin ship wakes[J]. Journal of Ocean Engineering and Science, 2016, 1(1): 52-65.

[69] Zhu Y, He J, Wu H, et al. Basic models of farfield ship waves in shallow water[J]. Journal of Ocean Engineering and Science, 2018, 3(2): 109-126.

[70] Dam K T, Tanimoto K, Fatimah E. Investigation of ship waves in a narrow channel [J]. Journal of marine science and technology, 2008, 13(3): 223-230.

[71] Kim G H, Park S. Development of a numerical simulation tool for efficient and robust prediction of ship resistance[J]. International Journal of Naval Architecture and Ocean Engineering, 2017, 9(5): 537-551.

[72] David C G, Roeber V, Goseberg N, et al. Generation and propagation of ship-borne waves-solutions from a Boussinesq-type model[J]. Coastal Engineering, 2017, 127: 170-187.

[73] Yaakob O B, Nasirudin A, Ghani M P A, et al. Parametric study of a low wake-wash inland waterways catamaran[J]. Scientia Iranica, 2012, 19(3): 463-471.

[74] Demirel Y K, Turan O, Incecik A. Predicting the effect of biofouling on ship resistance using CFD[J]. Applied Ocean Research, 2017, 62: 100-118.

[75] Nakos D E, Sclavounos P D. On steady and unsteady ship wave patterns[J]. Journal of Fluid Mechanics, 1990, 215: 263-288.

[76] Tulin M P. On the transport of energy in water waves[J]. Journal of Engineering Mathematics, 2007, 58(1): 339-350.

[77] Fleit G, Baranya S, Rüther N, et al. Investigation of the effects of ship induced waves on the littoral zone with field measurements and CFD modeling[J]. Water, 2016, 8(7): 300.

[78] 郑健龙,张锐.公路膨胀土路基变形预测与控制方法[J].中国公路学报,2015,28(3):1-10.

[79] 冷挺,唐朝生,徐丹,等.膨胀土工程地质特性研究进展[J].工程地质学报,2018,26(1):112-128.

[80] 徐丹,唐朝生,冷挺,等.干湿循环对非饱和膨胀土抗剪强度影响的试验研究[J].地学前缘,2018,25(1):286-296.

[81] 陈善雄,戴张俊,陆定杰,等.考虑裂隙分布及强度的膨胀土边坡稳定性分析[J].水利学报,2014,45(12):1442-1449.

[82] 程展林,李青云,郭熙灵,等.膨胀土边坡稳定性研究[J].长江科学院院报,2011,28(10):102-111.

[83] 程展林,丁金华,饶锡保,等.膨胀土边坡物理模型试验研究[J].岩土工程学报,2014,36(4):716-723.

[84] 钮新强,蔡耀军,谢向荣,等.南水北调中线膨胀土边坡变形破坏类型及处理[J].人民长江,2015,46(3):1-4.

[85] 殷宗泽,韦杰,袁俊平,等.膨胀土边坡的失稳机理及其加固[J].水利学报,2010,41

(1):1-6.

[86] 徐海波,宋新江,钱财富,等.驷马山分洪道深切岭段膨胀土渠道滑坡特征分析[J]. 水电能源科学,2019,37(5):103-107.

[87] 桂树强,蔡耀军.南水北调中线工程膨胀土渠坡柔性衬砌技术探讨[J].南水北调与水利科技,2007,5(6):51-54.

[88] 郭熙灵,程展林.南水北调中线工程科研综述[J].人民长江,2005,36(12):13-15.

[89] 李颖,陈诚,解林.南水北调中线膨胀土试验段深挖方渠坡柔性支护技术[J].工程抗震与加固改造,2016,38(4):144-148.

[90] 彭海滨.膨胀土边坡的失稳与防治研究[J].研究成果,2019(14):6-9.

[91] 赵良辉,辛春强,赵凯选.浅谈南水北调中线工程框格护坡预制安装技术[J].河南水利与南水北调,2013,(15):50-51.

[92] 唐玉龙.西康线十字形骨架护坡设计与施工[J].路基工程,2001(1):41-68.

[93] 李涛.引江济淮工程江淮分水岭膨胀土治理方案优选[J].江淮水利科技,2018(3):12-14.

[94] 吴建涛,姚开想,杨帅,等.引江济淮工程膨胀土水泥改性剂量研究[J].岩土工程学报,2017,39(增1):232-235.

[95] 訾洪利.引江济淮工程膨胀土(崩解岩)试验研究[J].江淮水利科技,2017(5):40-41.

[96] 明经平,施赛杰,吴建涛,等.引江济淮河道膨胀土边坡换填层余料工程特性研究[J].岩土工程学报,2018,40(增2):147-151.

[97] 张金来,吴婷婷,陈其武,等.加筋三维钢丝网垫在护滩工程中的应用[J].水运工程,2012(8):204-206.

[98] 张同鑫,潘毅,张壮,等.加筋生态护坡技术的应用于发展[J].水利水运工程学报,2017(6):110-117.

[99] Álvarez-Mozos J, Abad E, Giménez R, et al. Evaluation of erosion control geotextiles on steep slopes. Part 1: Effects on runoff and soil loss[J]. Catena, 2014, 118: 168-178.

[100] Álvarez-Mozos J, Abad E, Goñi M, et al. Evaluation of erosion control geotextiles on steep slopes. Part 2: Influence on the establishment and growth of vegetation[J]. Catena, 2014, 121: 195-203.

[101] 肖成志,孙建诚,李雨润,等.三维土工网垫植草护坡防坡面径流冲刷的机制分析[J].岩土力学,2011,32(2):453-458.

[102] 肖衡林,王钊,张晋峰.三维土工网垫设计指标的研究[J].岩土力学,2004,25(11):

1800-1804.

[103] 肖衡林,张晋锋.三维土工网垫固土植草试验研究[J].公路,2005(4):163-166.

[104] 钟春欣,张玮.植被护坡抗冲模型试验方法与装置研究[J].河海大学学报(自然科学版),2008,36(2):170-174.

[105] 张玮,钟春欣,应瀚海.草皮护坡水力糙率实验研究[J].水科学进展,2007,18(4):483-489.

[106] 钟春欣,张玮.植草型生态护岸水力特性试验研究[J].水利水电技术,2010(41):22-25.

[107] 胡玉植,潘毅,陈永平.海堤背水坡加筋草皮抗冲蚀能力试验研究[J].水利水运工程学报,2016(1):51-57.

[108] Meer V D J, Schrijver R, Hardeman B, et al. Guidance on erosion resistance of inner slopes of dikes from three years of testing with the wave overtopping simulator[J]. Coasts' Marine Structures and Breakwaters Adapting to Chang, 2009, 2: 460-473.

[109] 王广月,杜广生,王云,等.三维土工网护坡坡面流水动力学特性试验研究[J].水动力学研究与进展,2015,30(4):406-411.

[110] Wang Guangyue, Sun Guorui, Li Jiankang, et al. The experimental study of hydrodynamic characteristics of the overland flow on a slope with three-dimensional Geomat[J]. Journal of Hydrodynamics, 2018, 30(1): 153-159.

[111] 航道工程设计规范(JTS 181—2016)[S].2016.

[112] Design Code for Waterway Engineering (JTS 181—2016)[S]. 2016.

[113] 夏军强,宗全利,许全喜,等.下荆江二元结构河岸土体特性及崩岸机理[J].水科学进展,2013,24(6):810-820.

[114] 张幸农,蒋传丰,应强,等.江河崩岸问题研究综述[J].水利水电科技进展,2008,28(3):80-83.

[115] 邓珊珊,夏军强,李洁,等.河道内水位变化对上荆江河段岸坡为稳定性影响分析[J].水利学报,2015,46(7):844-852.

[116] 王正超.以川北河为例的北京河流生态景观设计研究[D].中国林业科学研究院,2014.

[117] 于泽,张云路.基于植被演替理论的城市废弃地植物景观营造策略[J].中国城市林业,2020,18(2):20-24.

[118] 长江水资源保护科学研究所.引江济淮工程环境影响报告书[R].2016.

[119] 王云才,韩丽莹,王春平.群落生态设计[M].北京:中国建筑工业出版社,2009.

[120] 贾志清,惠刚盈,陈永富,等.南水北调中线工程总干渠沿线立地条件分析与植被模式配置[J].水土保持通报,2004(3):9-14.

[121] Nagase A, Dunnett N. Performance of geophytes on extensive green roofs in the United Kingdom[J]. Urban Forestry& Urban Greening, 2013, 12(4): 509-521.

[122] 园林绿化工程施工及验收规范(CJJ82-2012)[S].2012

[123] 芦建国.草花混播在高速公路上的应用研究[A].中国水土保持学会工程绿化专业委员会,北京林业大学边坡绿化研究所.工程绿化理论与技术进展——全国工程绿化技术交流研讨会论文集,2008.

[124] 张国育,李鹏飞,雷亚凯,等.信南高速公路边坡乡土植物优选与配置模式优化研究[J].林业调查规划,2015,40(4):6.

附表 防护分区编码表

区块类型编号	区块特征描述	推荐结构型式	考评指标
A1B1C1D1E1L1	膨胀土,航道,城市,渠道,挖方,最高洪水位以上	大体积生态结构;注重通过植物配置营造景观	将植被生长作为考评指标
A1B1C1D1E1L2	膨胀土,航道,城市,渠道,挖方,最高通航水位~最高洪水位以下	现浇混凝土板;也可以使用大体积生态结构,但作用要更强。采用上面盖草绳+土工格栅,还要考虑草皮的抗冲流速;注重通过植物配置营造景观	以岸坡稳定性为主,可兼顾植被生长
A1B1C1D1E1L3	膨胀土,航道,城市,渠道,挖方,植被线或青黄线~最高通航水位	现浇混凝土板;或中小孔隙率多孔生态结构,孔隙率20%~30%;注重通过植物配置营造景观	以岸坡稳定性为主,不将植被生长作为考评指标,指标为有利于水生生物或鱼类生境改良
A1B1C1D1E1L4	膨胀土,航道,城市,渠道,挖方,最低通航水位~植被线或青黄线	硬质护坡;或小孔隙率生态护坡(空隙率15%以下),或带有人工鱼巢功能的护坡结构	以岸坡稳定性为主,不将植被生长作为考评指标
A1B1C1D1E1L5	膨胀土,航道,城市,渠道,挖方,最低通航水位以下	硬质护坡;或小孔隙率生态护坡(空隙率15%以下),或带有人工鱼巢功能的护坡结构	以岸坡稳定性为主,不将植被生长作为考评指标,指标为有利于水生生物或鱼类生境改良
A1B1C1D1E2L1	膨胀土,航道,城市,渠道,填方,最高洪水位以上	大体积生态结构;注重通过植物配置营造景观;填方区注意土体压实	将植被生长作为考评指标
A1B1C1D1E2L2	膨胀土,航道,城市,渠道,填方,最高通航水位~最高洪水位以下	现浇混凝土板;也可以使用大体积生态结构,但作用要更强。采用上面盖草绳+土工格栅,还要考虑草皮的抗冲流速;注重通过植物配置营造景观;填方区注意土体压实	以岸坡稳定性为主,可兼顾植被生长
A1B1C1D1E2L3	膨胀土,航道,城市,渠道,填方,植被线或青黄线~最高通航水位	现浇混凝土板;或中小孔隙率多孔生态结构,孔隙率20%~30%;填方区注意土体压实	以岸坡稳定性为主,不将植被生长作为考评指标
A1B1C1D1E2L4	膨胀土,航道,城市,渠道,填方,最低通航水位~植被线或青黄线	硬质护坡;或小孔隙率生态护坡(空隙率15%以下),或带有人工鱼巢功能的护坡结构	以岸坡稳定性为主,不将植被生长作为考评指标
A1B1C1D1E2L5	膨胀土,航道,城市,渠道,填方,最低通航水位以下	硬质护坡;或小孔隙率生态护坡(空隙率15%以下),或带有人工鱼巢功能的护坡结构	以岸坡稳定性为主,不将植被生长作为考评指标,指标为有利于水生生物或鱼类生境改良

123

（续表）

区块类型编号	区块特征描述	推荐结构型式	考评指标
A1B1C2D1E1L1	膨胀土,航道,乡村,渠道,挖方,最高洪水位以上	大体积生态结构	将植被生长作为考评指标
A1B1C2D1E1L2	膨胀土,航道,乡村,渠道,挖方,最高通航水位~最高洪水位	现浇混凝土板;也可以使用大体积生态结构,但作用要更强,采用上面盖草绳+土工格栅,还要考虑草皮的抗冲流速	以岸坡稳定性为主,不将植被生长作为考评指标,可兼顾植被生长
A1B1C2D1E1L3	膨胀土,航道,乡村,渠道,挖方,植被线或青黄线~最高通航水位	现浇混凝土板;或中孔隙率多孔生态结构,孔隙率20%~30%	
A1B1C2D1E1L4	膨胀土,航道,乡村,渠道,挖方,最低通航水位~植被线或青黄线	硬质护坡;或小孔隙率生态护坡(空隙率15%以下),或带有人工鱼巢功能的护坡结构	以岸坡稳定性为主,不将植被生长作为考评指标,指标为有利于水生生物或鱼类生境改良
A1B1C2D1E1L5	膨胀土,航道,乡村,渠道,挖方,最低通航水位以下	硬质护坡;或小孔隙率生态护坡(空隙率15%以下),或带有人工鱼巢功能的护坡结构	
A1B1C2D1E2L1	膨胀土,航道,乡村,渠道,填方,最高洪水位以上	大体积生态结构;填方区注意土体压实	将植被生长作为考评指标
A1B1C2D1E2L2	膨胀土,航道,乡村,渠道,填方,最高通航水位~最高洪水位	现浇混凝土板;也可以使用大体积生态结构,但作用要更强,采用上面盖草绳+土工格栅,还要考虑草皮的抗冲流速;填方区注意土体压实	以岸坡稳定性为主,不将植被生长作为考评指标,可兼顾植被生长
A1B1C2D1E2L3	膨胀土,航道,乡村,渠道,填方,植被线或青黄线~最高通航水位	现浇混凝土板;或中孔隙率多孔生态结构,孔隙率20%~30%;填方区注意土体压实	
A1B1C2D1E2L4	膨胀土,航道,乡村,渠道,填方,最低通航水位~植被线或青黄线	硬质护坡;或小孔隙率生态护坡(空隙率15%以下),或带有人工鱼巢功能的护坡结构	以岸坡稳定性为主,不将植被生长作为考评指标,指标为有利于鱼类生物或岸坡生境改良
A1B1C2D1E2L5	膨胀土,航道,乡村,渠道,填方,最低通航水位以下	硬质护坡;或小孔隙率生态护坡(空隙率15%以下),或带有人工鱼巢功能的护坡结构	

(续表)

区块类型编号	区块特征描述	推荐结构型式	考评指标
A2B1C1D1E1L1	土质岸坡,航道,城市,渠道,挖方,最高洪水位以上	植被护坡或少量结构的生态护坡,或大孔隙生态结构(空隙率50%以上);注重通过植被配置营造景观	将植被生长作为考评指标
A2B1C1D1E1L2	土质岸坡,航道,城市,渠道,挖方,最高通航水位~最高洪水位	大孔隙生态护坡,孔隙率50%以上;注重通过植被配置营造景观	
A2B1C1D1E1L3	土质岸坡,航道,城市,渠道,挖方,青黄线~最高通航水位	中孔隙率多孔生态结构,孔隙率20%~30%	
A2B1C1D1E1L4	土质岸坡,航道,城市,渠道,挖方,最低通航水位~最青黄线	硬质护坡,或小孔隙生态护坡(空隙率15%以下),或带有人工鱼巢功能的护坡结构	不将植被生长作为考评指标
A2B1C1D1E1L5	土质岸坡,航道,城市,渠道,挖方,最低通航水位以下	硬质护坡,或小孔隙生态护坡(空隙率15%以下),或带有人工鱼巢功能的护坡结构	有利于水生生境改良鱼类生境改良
A2B1C1D1E2L1	土质岸坡,航道,城市,渠道,填方,植被线或最高洪水位以上	植被护坡或少量结构的生态护坡,或大孔隙生态结构(空隙率50%以上);注重通过植被配置营造景观;填方区注意土体压实	将植被生长作为考评指标
A2B1C1D1E2L2	土质岸坡,航道,城市,渠道,填方,最高通航水位~最高洪水位	大孔隙生态护坡,孔隙率50%以上;注重通过植被配置营造景观;填方区注意土体压实	
A2B1C1D1E2L3	土质岸坡,航道,城市,渠道,填方,青黄线~最高通航水位	中孔隙率多孔生态结构,孔隙率20%~30%;填方区注意土体压实	
A2B1C1D1E2L4	土质岸坡,航道,城市,渠道,填方,最低通航水位~最青黄线	硬质护坡,或小孔隙生态护坡(空隙率15%以下),或带有人工鱼巢功能的护坡结构	不将植被生长作为考评指标
A2B1C1D1E2L5	土质岸坡,航道,城市,渠道,填方,最低通航水位以下	硬质护坡,或小孔隙生态护坡(空隙率15%以下),或带有人工鱼巢功能的护坡结构	有利于水生生境改良鱼类生境改良

（续表）

区块类型编号	区块特征描述	推荐结构型式	考评指标
A2B1C1D2E1L1	土质岸坡、航道、城市、河道、挖方、最高洪水位以上	植被护坡或少量结构的生态护坡，或大孔隙生态结构（空隙率50%以上）；注重通过植物配置营造景观	
A2B1C1D2E1L2	土质岸坡、航道、城市、河道、挖方、最高通航水位～最高洪水位	大孔隙生态护坡，孔隙率50%以上；注重通过植被配置营造景观	将植被生长作为考评指标
A2B1C1D2E1L3	土质岸坡、航道、城市、河道、挖方、最高通航水位～青黄线	中孔隙率多孔生态护坡，孔隙率20%～30%	
A2B1C1D2E1L4	土质岸坡、航道、城市、河道、挖方、最低通航水位～青黄线	硬质护坡，或小孔隙生态护坡（空隙率15%以下）；注重通过植物配置营造景观鱼巢功能的护坡结构	不将植被生长作为考评指标，指标为
A2B1C1D2E1L5	土质岸坡、航道、城市、河道、挖方、最低通航水位以下	硬质护坡，或小孔隙生态护坡（空隙率15%以下）；注重鱼巢功能的护坡结构	有利于水生生境或鱼类生境改良
A2B1C1D2E2L1	土质岸坡、航道、城市、河道、填方、最高洪水位以上	植被护坡或少量结构的生态护坡，或大孔隙生态结构（空隙率50%以上）；注重通过植物配置营造景观；填方区注意土体压实	
A2B1C1D2E2L2	土质岸坡、航道、城市、河道、填方、最高通航水位～最高洪水位	大孔隙生态护坡，孔隙率50%以上；注重通过植被配置营造景观；填方区注意土体压实	将植被生长作为考评指标
A2B1C1D2E2L3	土质岸坡、航道、城市、河道、填方、最高通航水位～青黄线	中孔隙率多孔生态护坡，孔隙率20%～30%；填方区注意土体压实	
A2B1C1D2E2L4	土质岸坡、航道、城市、河道、填方、最低通航水位～青黄线	硬质护坡，或小孔隙生态护坡（空隙率15%以下），或带有人工鱼巢功能的护坡结构	不将植被生长作为考评指标，指标为
A2B1C1D2E2L5	土质岸坡、航道、城市、河道、填方、最低通航水位以下	硬质护坡，或小孔隙生态护坡（空隙率15%以下），或带有人工鱼巢功能的护坡结构	有利于水生生境或鱼类生境改良

附表　防护分区编码表

（续表）

区块类型编号	区块特征描述	推荐结构型式	考评指标
A2B1C2D1E1L1	土质岸坡,航道,乡村,渠道,挖方,最高洪水位以上	植被护坡或少量结构的生态护坡,或大孔隙生态结构(空隙率50%以上)	将植被生长作为考评指标
A2B1C2D1E1L2	土质岸坡,航道,乡村,渠道,挖方,最高通航水位~最高洪水位	大孔隙生态护坡,孔隙率50%以上	
A2B1C2D1E1L3	土质岸坡,航道,乡村,渠道,挖方,植被线或青黄线~最高通航水位	中孔隙率多孔生态结构,孔隙率20%~30%	
A2B1C2D1E1L4	土质岸坡,航道,乡村,渠道,挖方,最低通航水位~植被线或青黄线	硬质护坡,或小孔隙率生态结构(空隙率15%以下),或带有人工鱼巢功能的护坡结构	不将植被生长作为考评指标
A2B1C2D1E1L5	土质岸坡,航道,乡村,渠道,挖方,最低通航水位以下	硬质护坡,或小孔隙率生态结构(空隙率15%以下),或带有人工鱼巢功能的护坡结构	有利于水生生物或鱼类生境改良
A2B1C2D1E2L1	土质岸坡,航道,乡村,渠道,填方,最高洪水位以上	植被护坡或少量结构的生态护坡,或大孔隙生态结构(空隙率50%以上);填方区注意土体压实	将植被生长作为考评指标
A2B1C2D1E2L2	土质岸坡,航道,乡村,渠道,填方,最高通航水位~最高洪水位	大孔隙多孔生态结构,孔隙率50%以上;填方区注意土体压实	
A2B1C2D1E2L3	土质岸坡,航道,乡村,渠道,填方,植被线或青黄线~最高通航水位	中孔隙率多孔生态结构,孔隙率20%~30%;填方区注意土体压实	
A2B1C2D1E2L4	土质岸坡,航道,乡村,渠道,填方,最低通航水位~植被线或青黄线	硬质护坡,或小孔隙率生态结构(空隙率15%以下),或带有人工鱼巢功能的护坡结构	不将植被生长作为考评指标
A2B1C2D1E2L5	土质岸坡,航道,乡村,渠道,填方,最低通航水位以下	硬质护坡,或小孔隙率生态结构(空隙率15%以下),或带有人工鱼巢功能的护坡结构	有利于水生生境改良

127

(续表)

区块类型编号	区块特征描述	推荐结构型式	考评指标
A2B1C2D2E1L1	土质岸坡,航道,乡村,河道,挖方,最高洪水位以上	植被护坡或少量结构的生态结构(空隙率50%以上)	
A2B1C2D2E1L2	土质岸坡,航道,乡村,河道,挖方,最高通航水位~最高洪水位	大孔隙生态结构,孔隙率50%以上	将植被生长作为考评指标
A2B1C2D2E1L3	土质岸坡,航道,乡村,河道,挖方,植被线或青黄线~最高通航水位	中孔隙率多孔生态结构,孔隙率20%~30%	
A2B1C2D2E1L4	土质岸坡,航道,乡村,河道,挖方,最低通航水位~植被线或青黄线	硬质护坡,或小孔隙生态护坡(空隙率15%以下),或带有人工鱼巢功能的护坡结构	不将植被生长作为考评指标
A2B1C2D2E1L5	土质岸坡,航道,乡村,河道,挖方,最低通航水位以下	硬质护坡,或小孔隙生态护坡(空隙率15%以下),或带有人工鱼巢功能的护坡结构	有利于水生生物或鱼类生境改良
A2B1C2D2E2L1	土质岸坡,航道,乡村,河道,填方,最高洪水位以上	植被护坡或少量结构的生态护坡(空隙率50%以上);填方区注意土体压实	
A2B1C2D2E2L2	土质岸坡,航道,乡村,河道,填方,最高通航水位~最高洪水位	大孔隙生态结构,孔隙率50%以上;填方区注意土体压实	将植被生长作为考评指标
A2B1C2D2E2L3	土质岸坡,航道,乡村,河道,填方,植被线或青黄线~最高通航水位	中孔隙率多孔生态结构,孔隙率20%~30%;填方区注意土体压实	
A2B1C2D2E2L4	土质岸坡,航道,乡村,河道,填方,最低通航水位~植被线或青黄线	硬质护坡,或小孔隙生态护坡(空隙率15%以下),或带有人工鱼巢功能的护坡结构	不将植被生长作为考评指标
A2B1C2D2E2L5	土质岸坡,航道,乡村,河道,填方,最低通航水位以下	硬质护坡,或小孔隙生态护坡(空隙率15%以下),或带有人工鱼巢功能的护坡结构	有利于水生生物或鱼类生境改良

附表　防护分区编码表

(续表)

区块类型编号	区块特征描述	推荐结构型式	考评指标
A2B2C1D1E1L6	土质岸坡,非航道,城市,渠道,挖方,最高洪水位以上	植被护坡或少量结构的生态护坡,或大孔隙生态结构(空隙率50%以上);注重通过植被配置营造景观	将植被生长作为考评指标
A2B2C1D1E1L7	土质岸坡,非航道,城市,渠道,挖方,最高洪水位~植被线或青黄线	大孔隙生态护坡,孔隙率50%以上;注重通过植被配置营造景观	将植被生长作为考评指标
A2B2C1D1E1L8	土质岸坡,非航道,城市,渠道,挖方,最高洪水位或青黄线以下	硬质护坡,或小孔隙生态护坡(空隙率15%以下),或带有人工鱼巢功能的护坡结构	不将植被生长作为考评指标,指标为有利于水生生物或鱼类生境改良
A2B2C1D1E2L6	土质岸坡,非航道,城市,渠道,填方,最高洪水位以上	植被护坡或少量结构的生态护坡,或大孔隙生态结构(空隙率50%以上);填方区注意土体压实	将植被生长作为考评指标
A2B2C1D1E2L7	土质岸坡,非航道,城市,渠道,填方,最高洪水位~植被线或青黄线	大孔隙生态护坡,孔隙率50%以上;注重通过植被配置营造景观;填方区注意土体压实	将植被生长作为考评指标
A2B2C1D1E2L8	土质岸坡,非航道,城市,渠道,填方,最高洪水位或青黄线以下	硬质护坡,或小孔隙生态护坡(空隙率15%以下),或带有人工鱼巢功能的护坡结构	不将植被生长作为考评指标,指标为有利于水生生物或鱼类生境改良
A2B2C1D2E1L6	土质岸坡,非航道,城市,河道,挖方,最高洪水位以上	植被护坡或少量结构的生态护坡,或大孔隙生态结构(空隙率50%以上);注重通过植被配置营造景观	将植被生长作为考评指标
A2B2C1D2E1L7	土质岸坡,非航道,城市,河道,挖方,最高洪水位~植被线或青黄线	大孔隙生态护坡,孔隙率50%以上;注重通过植被配置营造景观	将植被生长作为考评指标

129

(续表)

区块类型编号	区块特征描述	推荐结构型式	考评指标
A2B2C1D2E1L8	土质岸坡,非航道,城市,河道,挖方,植被线或青黄线以下	硬质护坡,或小孔隙率生态护坡(空隙率15%以下),或带有人工鱼巢功能的护坡结构	不将植被生长作为考评指标,指标为有利于水生生物或鱼类生境改良
A2B2C1D2E2L6	土质岸坡,非航道,城市,河道,填方,最高洪水位~植被线或青黄线以上	植被护坡或少量结构的生态护坡,或大孔隙率生态结构(空隙率50%以上);注重通过植被配置营造景观	将植被生长作为评指标
A2B2C1D2E2L7	土质岸坡,非航道,城市,河道,填方,最高洪水位~植被线或青黄线	大孔隙生态护坡,孔隙率50%以上,注重通过植被配置营造景观;填方区注意土体压实	将植被生长作为评指标
A2B2C1D2E2L8	土质岸坡,非航道,城市,河道,填方,最高洪水线	硬质护坡,或小孔隙率生态护坡(空隙率15%以下),或带有人工鱼巢功能的护坡结构	不将植被生长作为考评指标,指标为有利于水生生物或鱼类生境改良
A2B2C2D1E1L6	土质岸坡,非航道,乡村,渠道,挖方,最高洪水位以下	植被护坡或少量结构的生态护坡,或大孔隙率生态结构(空隙率50%以上)	将植被生长作为评指标
A2B2C2D1E1L7	土质岸坡,非航道,乡村,渠道,挖方,植被线~青黄线以上	大孔隙生态护坡,孔隙率50%以上	将植被生长作为评指标
A2B2C2D1E1L8	土质岸坡,非航道,乡村,渠道,挖方,植被线或青黄线以下	硬质护坡,或小孔隙率生态护坡(空隙率15%以下),或带有人工鱼巢功能的护坡结构	不将植被生长作为考评指标,指标为有利于水生生物或鱼类生境改良
A2B2C2D1E2L6	土质岸坡,非航道,乡村,渠道,填方,最高洪水位以上	植被护坡或少量结构的生态护坡,或大孔隙率生态结构(空隙率50%以上);填方区注意土体压实	将植被生长作为评指标

附表　防护分区编码表

（续表）

区块类型编号	区块特征描述	推荐结构型式	考评指标
A2B2C2D1E2L7	土质岸坡,非航道,乡村,渠道,填方,最高洪水位~植被线或青黄线以上	大孔隙生态护坡,孔隙率50%以上;填方区注意土体压实	不将植被生长作为考评指标,指标为有利于水生境改良
A2B2C2D1E2L8	土质岸坡,非航道,乡村,渠道,填方,植被线或青黄线以下	硬质护坡,或小孔隙率生态护坡（空隙率15%以下）,或带有人工鱼巢功能的护坡结构	不将植被生长作为考评指标,指标为有利于水生鱼类生境改良
A2B2C2D2E1L6	土质岸坡,非航道,乡村,河道,挖方,最高洪水位以上	植被护坡或少量结构的生态护坡,孔隙率50%以上)	将植被生长作为考评指标
A2B2C2D2E1L7	土质岸坡,非航道,乡村,河道,挖方,最高洪水位~植被线或青黄线以上	大孔隙生态护坡,孔隙率50%以上	不将植被生长作为考评指标,指标为有利于水生鱼类生境改良
A2B2C2D2E1L8	土质岸坡,非航道,乡村,河道,挖方,植被线或青黄线以下	硬质护坡,或小孔隙率生态护坡（空隙率15%以下）,或带有人工鱼巢功能的护坡结构	不将植被生长作为考评指标,指标为有利于水生鱼类生境改良
A2B2C2D2E2L6	土质岸坡,非航道,乡村,河道,填方,最高洪水位以上	植被护坡或少量结构的生态护坡,孔隙率50%以上)	将植被生长作为考评指标
A2B2C2D2E2L7	土质岸坡,非航道,乡村,河道,填方,最高洪水位~植被线或青黄线以上	大孔隙生态护坡,孔隙率50%以上;填方区注意土体压实	不将植被生长作为考评指标,指标为有利于水生鱼类生境改良
A2B2C2D2E2L8	土质岸坡,非航道,乡村,河道,填方,植被线或青黄线以下	硬质护坡,或小孔隙率生态护坡（空隙率15%以下）,或带有人工鱼巢功能的护坡结构	不将植被生长作为考评指标,指标为有利于水生鱼类生境改良

131

(续表)

区块类型编号	区块特征描述	推荐结构型式	考评指标
A3B1C1D1E1L1	崩解岩、航道、城市、渠道、挖方、最高洪水位以上	绿色混凝土或大体积生态结构；注重通过植物配置营造景观	将植被生长作为考评指标
A3B1C1D1E1L2	崩解岩、航道、城市、渠道、挖方、最高通航水位~最高洪水位	现浇混凝土板或绿化混凝土；也可以使用上面盖绿+土工格栅，还要考虑草皮的抗冲流速，注重通过植物配置营造景观	以岸坡稳定性为主，可兼顾植被生长
A3B1C1D1E1L3	崩解岩、航道、城市、渠道、挖方、植被线或青黄线~最高通航水位	现浇混凝土板；或绿化混凝土或中小孔隙多孔生态结构，孔隙率20%~30%；注重通过植物配置营造景观	
A3B1C1D1E1L4	崩解岩、航道、城市、渠道、挖方、最低通航水位~植被线或青黄线	硬质护坡；或小孔隙生态护坡（空隙率15%以下），或带有人工鱼巢功能的护坡结构	以岸坡稳定性为主，不将植被生长作为考评指标，指标为有利于水生生物或鱼类生境改良
A3B1C1D1E1L5	崩解岩、航道、城市、渠道、挖方、最低通航水位以下	硬质护坡；或小孔隙生态护坡（空隙率15%以下），或带有人工鱼巢功能的护坡结构	
A3B1C1D1E2L1	崩解岩、航道、城市、渠道、填方、最高洪水位以上	绿色混凝土或大体积生态结构；注重通过植物配置营造景观，填方区注意土体压实	将植被生长作为考评指标
A3B1C1D1E2L2	崩解岩、航道、城市、渠道、填方、最高通航水位~最高洪水位	现浇混凝土板或绿化混凝土；也可以使用上面盖绿+土工格栅，还要考虑草皮的抗冲流速；填方区注意土体压实	以岸坡稳定性为主，可兼顾植被生长
A3B1C1D1E2L3	崩解岩、航道、城市、渠道、填方、植被线或青黄线~最高通航水位	现浇混凝土板；或绿化混凝土或中小孔隙多孔生态结构，孔隙率20%~30%；注重通过植物配置营造景观	
A3B1C1D1E2L4	崩解岩、航道、城市、渠道、填方、最低通航水位~植被线或青黄线	硬质护坡；或小孔隙生态护坡（空隙率15%以下），或带有人工鱼巢功能的护坡结构	以岸坡稳定性为主，不将植被生长作为考评指标，指标为有利于水生生物或鱼类生境改良
A3B1C1D1E2L5	崩解岩、航道、城市、渠道、填方、最低通航水位以下	硬质护坡；或小孔隙生态护坡（空隙率15%以下），或带有人工鱼巢功能的护坡结构	

附表　防护分区编码表

（续表）

区块类型编号	区块特征描述	推荐结构型式	考评指标
A3B1C2D1E1L1	崩解岩,航道,乡村,渠道,挖方,最高洪水位以上	绿化混凝土板或大体积生态结构	将植被生长作为考评指标
A3B1C2D1E1L2	崩解岩,航道,乡村,渠道,挖方,最高通航水位～最高洪水位	现浇混凝土板或绿化混凝土,也可以使用大体积生态结构,但作用要更强,可以采用上面盖草绳+土工格栅,还要考虑草皮的抗冲流速	以岸坡稳定性为主,可兼顾植被生长
A3B1C2D1E1L3	崩解岩,航道,乡村,渠道,挖方,植被线或青黄线～最高通航水位	现浇混凝土板;或绿化混凝土;或中孔隙率多孔生态结构,孔隙率20%～30%	
A3B1C2D1E1L4	崩解岩,航道,乡村,渠道,挖方,最高通航水位～植被线或青黄线	硬质护坡;或小孔隙率生态护坡（空隙率15%以下）,或带有人工鱼巢功能的护坡结构	以岸坡稳定性为主,不将植被生长作为考评指标,指标为有利于水生生物或鱼类生境改良
A3B1C2D1E1L5	崩解岩,航道,乡村,渠道,挖方,最低通航水位以下	硬质护坡;或小孔隙率生态护坡（空隙率15%以下）,或带有人工鱼巢功能的护坡结构	
A3B1C2D1E2L1	崩解岩,航道,乡村,渠道,填方,最高洪水位以上	绿化混凝土板或大体积生态结构	
A3B1C2D1E2L2	崩解岩,航道,乡村,渠道,填方,最高通航水位～最高洪水位	现浇混凝土板或绿化混凝土,也可以使用大体积生态结构,但作用要更强,可以采用上面盖草绳+土工格栅,还要考虑草皮的抗冲流速;填方区注意土体压实	
A3B1C2D1E2L3	崩解岩,航道,乡村,渠道,填方,植被或青黄线～最高通航水位	现浇混凝土板;或绿化混凝土;或中孔隙率多孔生态结构,孔隙率20%～30%;填方区注意土体压实	
A3B1C2D1E2L4	崩解岩,航道,乡村,渠道,填方,最高通航水位～植被线或青黄线	硬质护坡;或小孔隙率生态护坡（空隙率15%以下）,或带有人工鱼巢功能的护坡结构	
A3B1C2D1E2L5	崩解岩,航道,乡村,渠道,填方,最低通航水位以下	硬质护坡;或小孔隙率生态护坡（空隙率15%以下）,或带有人工鱼巢功能的护坡结构	

133

（续表）

区块类型编号	区块特征描述	推荐结构型式	考评指标
A3B2C1D1E1L6	崩解岩、非航道、城市、渠道、挖方、最高洪水位以上	绿化混凝土或大体积生态结构；注重通过植物配置营造景观	将植被生长作为考评指标
A3B2C1D1E1L7	崩解岩、非航道、城市、渠道、挖方、最高洪水位～植被线或青黄线	现浇混凝土板或绿化混凝土，也可以使用大体积生态结构，但作用要更强；或采用上面盖草多孔生态结构，还要考虑草皮的抗冲流速；或中孔隙率多孔生态结构，孔隙率20%～30%；注重通过植物配置营造景观	以岸坡稳定性为主，可兼顾植被生长
A3B2C1D1E1L8	崩解岩、非航道、城市、渠道、挖方、青黄线以下	硬质护坡；或小孔隙率生态护坡（空隙率15%以下），或带有人工鱼巢功能的护坡结构	以岸坡稳定性为主，不将植被生长作为考评指标，指标为有利于水生生物或鱼类生境改良
A3B2C1D1E2L6	崩解岩、非航道、城市、渠道、填方、最高洪水位以上	绿化混凝土板或大体积生态结构；注重通过植物配置营造景观；填方区注意土体压实	将植被生长作为考评指标
A3B2C1D1E2L7	崩解岩、非航道、城市、渠道、填方、最高洪水位～植被线或青黄线	现浇混凝土板或绿化混凝土，也可以使用大体积生态结构，但作用要更强；或采用上面盖草多孔生态结构，还要考虑草皮的抗冲流速；或中孔隙率多孔生态结构，孔隙率20%～30%；注重通过植物配置营造景观；填方区注意土体压实	以岸坡稳定性为主，可兼顾植被生长
A3B2C1D1E2L8	崩解岩、非航道、城市、渠道、填方、青黄线以下	硬质护坡；或小孔隙率生态护坡（空隙率15%以下），或带有人工鱼巢功能的护坡结构	以岸坡稳定性为主，不将植被生长作为考评指标，指标为有利于水生生物或鱼类生境改良
A3B2C2D1E1L6	崩解岩、非航道、乡村、渠道、挖方、最高洪水位以上	绿化混凝土或大体积生态结构	将植被生长作为考评指标

附表　防护分区编码表

（续表）

区块类型编号	区块特征描述	推荐结构型式	考评指标
A3B2C2D1E1L7	崩解岩,非航道,乡村,渠道,挖方,最高洪水位~植被线或青黄线	现浇混凝土板或绿化混凝土；也可以使用大体积生态结构,但作用要更强;或中孔隙率多孔功能的护坡结构	以岸坡稳定性为主,可兼顾植被生长
A3B2C2D1E1L8	崩解岩,非航道,乡村,渠道,挖方,植被线或青黄线以下	硬质护坡;或小孔隙率生态护坡(空隙率15%以下),或带有人工鱼巢功能的护坡结构	以岸坡稳定性为主,不将植被作为考评指标,指标为有利于水生生物或鱼类生境改良
A3B2C2D1E2L6	崩解岩,非航道,乡村,渠道,填方,最高洪水位以上	绿化混凝土或大体积生态结构；填方区注意土体压实	将植被生长作为考评指标
A3B2C2D1E2L7	崩解岩,非航道,乡村,渠道,填方,最高洪水位~植被线或青黄线	现浇混凝土板或绿化混凝土；也可以使用大体积生态结构,但作用要更强;或中孔隙率多孔功能的护坡结构,填方区注意土体压实	以岸坡稳定性为主,可兼顾植被生长
A3B2C2D1E2L8	崩解岩,非航道,乡村,渠道,填方,植被线或青黄线以下	硬质护坡;或小孔隙率生态护坡(空隙率15%以下),或带有人工鱼巢功能的护坡结构	以岸坡稳定性为主,不将植被作为考评指标,指标为有利于水生生物或鱼类生境改良

135